全国高职高专电气类精品规划教材

电力系统自动装置

主　编　钱　武　李生明

副主编　陈金星　龙　运　冯黎兵

内 容 提 要

本教材是为了满足高等职业教育教学要求，及时反映电力系统自动装置的新技术发展而编写的。

本教材系统介绍了备用电源自动投入装置，输电线路的自动重合闸装置，按频率自动减负荷装置，同步发电机自动并列装置，同步发电机自动调节励磁装置，故障录波装置的基本原理和运行维护，介绍了微机在以上装置和系统中的应用及运行。

本教材可作为高职高专电力类专业教材之用，也可供职业技能培训和相关专业技术人员参考使用。

图书在版编目（CIP）数据

电力系统自动装置/钱武，李生明主编．—北京：中国水利水电出版社，2004.8（2023.8 重印）
全国高职高专电气类精品规划教材
ISBN 978-7-5084-2203-9

Ⅰ．电…　Ⅱ．①钱…②李…　Ⅲ．电力系统-自动装置-高等学校：技术学校-教材　Ⅳ．TM76

中国版本图书馆 CIP 数据核字（2004）第 062285 号

书　　名	全国高职高专电气类精品规划教材 **电力系统自动装置**
作　　者	主编　钱武　李生明
出版发行	中国水利水电出版社 （北京市海淀区玉渊潭南路 1 号 D 座　100038） 网址：www.waterpub.com.cn E-mail：sales@mwr.gov.cn 电话：（010）68545888（营销中心）
经　　售	北京科水图书销售有限公司 电话：（010）68545874、63202643 全国各地新华书店和相关出版物销售网点
排　　版	中国水利水电出版社微机排版中心
印　　刷	天津嘉恒印务有限公司
规　　格	184mm×230mm　16 开本　11.5 印张　225 千字
版　　次	2004 年 8 月第 1 版　2023 年 8 月第 15 次印刷
印　　数	55101—58100 册
定　　价	**39.00** 元

教育部在《2003－2007年教育振兴行动计划》中提出要实施“职业教育与创新工程”，大力发展职业教育，大量培养高素质的技能型特别是高技能人才，并强调要以就业为导向，转变办学模式，大力推动职业教育。因此，高职高专教育的人才培养模式应体现以培养技术应用能力为主线和全面推进素质教育的要求。教材是体现教学内容和教学方法的知识载体，进行教学活动的基本工具；是深化教育教学改革，保障和提高教学质量的重要支柱和基础。因此，教材建设是高职高专教育的一项基础性工程，必须适应高职高专教育改革与发展的需要。

为贯彻这一思想，2003年12月，在福建厦门，中国水利水电出版社组织全国14家高职高专学校共同研讨高职高专教学的目前状况、特色及发展趋势，并决定编写一批符合当前高职高专教学特色的教材，于是就有了《全国高职高专电气类精品规划教材》。

《全国高职高专电气类精品规划教材》是为适应高职高专教育改革与发展的需要，以培养技术应用为主线的技能型特别是高技能人才的系列教材。为了确保教材的编写质量，参与编写人员都是经过院校推荐、编委会答辩并聘任的，有着丰富的教学和实践经验，其中主编都有编写教材的经历。教材较好地反映了当前电气技术的先进水平和最新岗位资格要求，体现了培养学生的技术应用能力和推进素质教育的要求，具有创新特色。同时，结合教育部两年制高职教育的试点推行，编委会也对各门教材提出了满足这一发展需要的内容编写要求，可以说，这套教材既能适应三年制高职高专教育的要求，也适应两年制高职高专教育的要求。

《全国高职高专电气类精品规划教材》的出版，是对高职高专教材建设的一次有益探讨，因为时间仓促，教材可能存在一些不妥之处，敬请读者批评指正。

《全国高职高专电气类精品规划教材》编委会

2004 年 8 月

前　言

为了适应高等职业技术教育发展的需要，我们根据全国部分高等专科学校和职业技术学院厦门教材规划会议的精神，编写了本教材。

本教材既可作为发电、供电和电力系统自动化等专业的必修课教材，也可作为职业技术培训教材使用。

本教材第1章由长江工程职业技术学院李生明编写；第2章由福建水利电力职业技术学院陈金星编写；第3章和第6章由四川电力职业技术学院龙运编写；第4章由四川水利职业技术学院冯黎兵编写；第5章由广东水利电力职业技术学院钱武编写。本教材由钱武统稿。

本教材力求反映电力系统自动装置的基本原理和应用，反映该领域的先进技术。由于时间仓促，书中错误和不妥之处在所难免，请读者批评指正。

编　者

2004年8月

目录

绪　　论

随着经济建设的发展，我国电力系统的规模日益扩大，发电设备的容量也相应增大，系统运行方式的变化越来越频繁。为了更好地保证电力系统的安全、经济运行并保证电能质量，电力系统自动装置及其技术得到广泛应用并日益发展，同时也促进电力系统自动控制技术的不断提高。

一、电力系统及其运行特点

与其他产品不同，电能的生产、传输、分配和消耗在同一时刻完成，遵循功率平衡原则。所以发电厂、变电所、输配电线路和用户构成的电力系统是一个有机的整体，在运行中任何一个环节出现问题，都会影响到电力系统的稳定运行，严重时会造成恶性事故，导致整个系统崩溃。

为了取得更大的经济效益，电力网规模越来越庞大、发电机容量也越来越大，因此为了满足电力系统运行的要求，电力系统必须借助于自动装置来完成对电力系统及其设备监视、控制、保护和信息传递。因此自动化技术就成了必不可少的手段。

二、电力系统自动控制的总目标和主要内容

电力系统自动控制的总目标是：保证供电质量，提高供电的可靠性，实现电力系统的安全经济运行。为了实现这个总目标，电力系统自动控制的任务有以下几个方面。

1. 电力系统自动监视和控制

电力系统自动监视和控制，其主要任务是提高电力系统的安全、经济运行水平，电力系统中各发电厂、变电所把反映电力系统运行状态的实时信息，由远动终端装置送给调度控制中心的计算机系统，由计算机及时地对电力系统的运行进行分析得出安全经济运行的决策并通过人机联系系统显示出来，供运行人员参考。这样不仅为运行

人员集中精力指挥电网运行创造条件，而且便于在安全分析后及时地提出并采取预防性控制，可极大地提高电网运行的安全性、经济性。

2. 电厂动力机械自动控制

电厂的动力机械随电厂类型不同而有很大的差别，如水电厂、火电厂、核电厂等，它们的动力设备截然不同，其控制要求和控制规律相差很大。在火电厂中有锅炉和汽轮机的自动控制系统，在水电厂中有水力机械的自动控制系统等，其目的是控制电能生产的大小、质量与经济性。对这些能量转换的机械系统的控制是电力系统自动控制的主要任务之一。由于它们分属不同的学科。不在本教材中反映。

3. 电力系统主要电力设备的自动控制

对发电厂、变电所、线路电气设备运行进行控制与操作的自动装置，是直接为电力系统安全、经济和保证电能质量服务的基础自动化设备。这些设备或装置包括备用电源和设备自动投入、自动重合闸、同步发电机自动并列、同步发电机自动调节励磁、按频率自动减载、事故记录等。

近年来，由于控制理论、信息论等方面的成就，大规模、超大规模集成电子器件不断推出；计算机技术和数据通信技术的发展，自动控制技术正发生着日新月异的变化；计算机控制技术在电力系统自动装置中得到广泛应用。

三、本课程的主要内容

根据教学大纲要求，本书分 6 章讲授：

（1）第 1 章备用电源和设备自动投入装置。主要讲授备用电源自动投入装置的基本含义、作用、基本要求、原理接线、工作原理和元器件参数整定等，要求学生掌握备用电源自动投入装置的作用、基本要求和工作原理，了解备用电源自动投入装置中元器件参数的整定计算。

（2）第 2 章输电线路的自动重合闸装置。主要讲授自动重合闸装置的作用以及对自动重合闸的基本要求；三相一次自动重合闸的概念，电气式三相一次自动重合闸装置的工作原理及参数整定原则；双侧电源线路三相自动重合闸应考虑的特殊问题，无电压检定和同步检定的三相自动重合闸的工作原理及参数整定原则、同步检定继电器；重合闸前加速、后加速保护的定义、工作过程及特点；综合重合闸的工作方式、综合重合闸需考虑的特殊问题及构成原则；简要介绍重合器与分段器的功能及配合使用原则。

（3）第 3 章按频率自动减负荷装置主要讲授负荷与频率的关系，频率变化的动态特性，AFL 装置的基本要求，AFL 装置基本原理与分级切负荷原理，低频继电器的原理。防止 AFL 装置误动措施等内容。

（4）第 4 章同步发电机自动并列装置主要讲授同期的各种方式及并列的允许条件。整步电压原理，ZZQ—5 型同期装置和微机自动同期装置的组成部分、工作原理及运用要求。

（5）第 5 章同步发电机自动励磁调节装置主要讲授了同步发电机自动励磁调节装置的基本概念，可控硅整流电路，励磁调节器的基本原理，各种限制、保护功能，自动励磁调节装置对发电机的影响，微机励磁装置的基本构成和原理。

（6）第 6 章故障录波装置主要讲授故障录波装置的作用，录取量的选择应满足的要求。微机故障录波装置的基本原理。微机故障录波装置录波结果分析方法。故障录波装置的起动方式，录波数据采样及记录方式。

第1章

备用电源自动投入装置

【教学要求】 本章主要讲授备用电源自动投入装置的基本含义、作用、要求、原理接线、工作原理和元器件参数整定等，要求学生掌握备用电源自动投入装置的作用、基本要求和工作原理，掌握备用电源自动投入装置中元器件参数的整定计算。

1.1 备用电源自动投入装置的作用和基本要求

1.1.1 备用电源自动投入装置的含义和作用

在电力系统中，很多用户和用电设备是由单电源的辐射形网络供电的。当供电电源由于某些原因而断开时，则连接在它上面的用户和用电设备将失去电源，从而使正常工作遭到破坏，给生产和生活造成不同程度的损失。为了消除或减少损失，保证用户不间断供电，在发电厂和变电所中广泛采用了备用电源自动投入装置。

备用电源自动投入装置是指当工作电源因故障被断开以后，能迅速自动地将备用电源投入或将用电设备自动切换到备用电源上去，使用户不至于停电的一种自动装置，简称备自投或BZT装置。一般在下列情况下装设：

（1）发电厂的厂用电和变电所的所用电。

（2）有双电源供电的变电所和配电所，其中一个电源经常断开作为备用。

（3）降压变电所内装有备用变压器或互为备用的母线段。

（4）生产过程中某些重要的备用机组，如给水泵、循环水泵等。

在电力系统中，不少重要用户是不允许停电的。因此常设置两个或两个以上的独立电源供电，一个工作，另一个备用，或互为备用。当工作电源消失时，备用电源的投入，可以用手动操作，也可以用BZT装置自动操作。手动操作动作较慢，中断供

电时间较长，对正常生产和生活有一定影响；对生产工艺不允许停电的场合，手动投入备用电源往往不能满足要求。采用 BZT 装置自动投入，中断供电时间只是自动装置的动作时间，时间很短，只有几秒，对生产无明显影响，故 BZT 装置可大大提高供电可靠性。

1.1.2　备用方式

BZT 装置从其电源备用方式上可以分成两大类：明备用和暗备用。图 1－1 为应用 BZT 装置的几种电气接线举例。

1. 明备用方式

在图 1－1（a）中，正常工作时，断路器 1QF、2QF、6QF、7QF 合上运行，变压器 T1、T2 处于通电工作状态，向母线Ⅰ、Ⅱ供电；断路器 3QF、4QF、5QF 断开运行，变压器 T3 处于备用状态。当 T1（或 T2）故障时，其两侧断路器 1QF、2QF（或 6QF、7QF）由变压器的继电保护动作而跳闸，然后 BZT 装置动作，将 3QF、4QF（或 3QF、5QF）迅速合闸，Ⅰ段（或Ⅱ段）母线即由 T3 恢复供电。这种设有可见的专用备用变压器或备用母线的情况，称为“明备用”。图 1－1（b）～图 1－1（d）均属明备用方式。

2. 暗备用方式

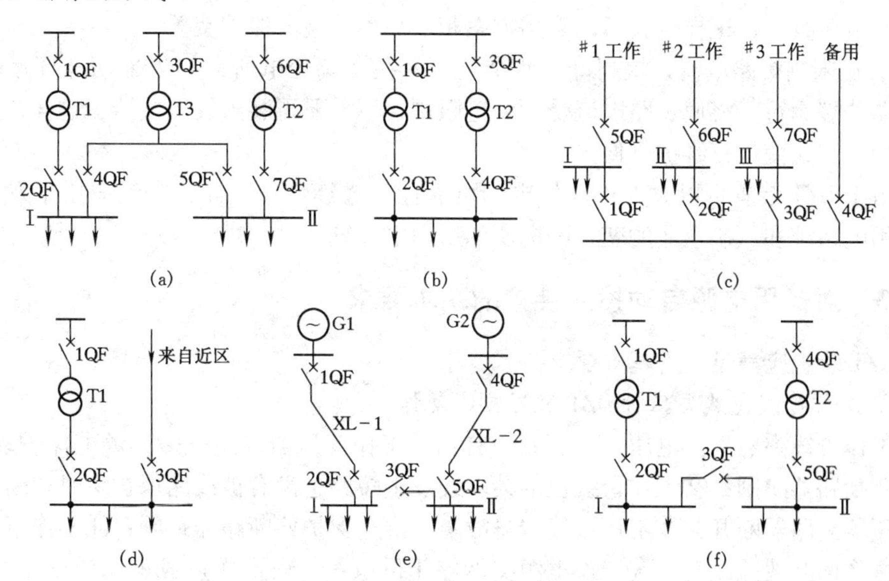

图 1－1　应用 BZT 装置的一次接线举例

（a）～（d）明备用；（e）、（f）暗备用

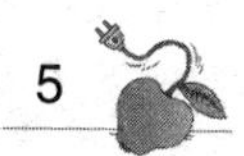

在图1-1（f）中，正常运行时，断路器1QF、2QF、4QF、5QF合上运行，3QF断开运行，两台工作变压器T1、T2分别向Ⅰ、Ⅱ段母线供电，母线分段运行。当变压器T1发生故障时，T1的继电保护动作，将1QF和2QF跳闸，然后BZT装置动作，将3QF投入，Ⅰ段母线负荷即转移由变压器T2供电；同样，当变压器T2发生故障时，T2的继电保护动作将4QF和5QF跳闸，BZT装置使3QF投入，Ⅱ段母线转由变压器T1供电。这种互为备用的方式称为“暗备用”，暗备用的每台变压器容量，都应按两分段母线上的总负荷来考虑，否则在BZT装置动作后会造成过负荷运行，当然在实际应用上可考虑变压器允许的暂时过负荷能力，变压器容量可选得比总负荷小些，在BZT装置动作后及时采取措施，停止次要负荷的供电，以免变压器长期过负荷的运行。图1-1中（e）图也属暗备用方式。

从上述接线图的工作情况可见，如果采用手动切换，动作慢，中断供电时间较长。如不采用BZT装置，要想达到同样的供电可靠性，同一母线必须由两路电源供电或由两台变压器并联运行，这样势必造成继电保护装置复杂，短路电流增大，设备投资增加等。因此，BZT装置的采用是一种安全、经济的措施，采用BZT装置后，有如下优点：

（1）提高供电的可靠性，节省建设投资。

（2）简化继电保护，因为采用了BZT装置后，环形网络可以开环运行，变压器可以分裂运行等，这样，就可以采用方案相对简单的继电保护装置。

（3）限制短路电流，提高母线残余电压。在受端变电所，如果采用开环运行和变压器分裂运行，将使短路电流受到一定限制，不需要再装出线电抗器，这样，既节省了投资，又使运行维护方便。

由于BZT装置可以大大提高供电的可靠性和连续性，因此，广泛应用于发电厂的厂用电系统和厂矿企业的变、配电所的所用电系统中。

1.1.3　对备用电源自动投入装置的基本要求

BZT装置应满足下列基本要求：

1. 工作母线突然失压时BZT装置应能动作

工作母线突然失去电压，主要原因有：①工作变压器发生故障，继电保护动作，使两侧断路器跳闸；②工作母线上的馈电线发生短路，没有被线路保护瞬时切断，引起变压器断路器断开；③工作母线本身故障，继电保护使断路器跳闸；④工作电源断路器操作回路故障跳闸；⑤工作电源突然停止供电；⑥误操作造成工作变压器退出。这些原因都不是正常跳闸的失压，都应使BZT装置动作，使备用电源迅速投入恢复供电。

2. 工作电源先切，备用电源后投

主要目的是提高备用电源自动投入装置动作的成功率。假如工作电源发生故障，工作断路器尚未断开时，就投入备用电源，也就是将备用电源投入到故障元件上，这样就势必扩大事故，加重故障设备的损坏程度；另外，备用电源与工作电源不是取自同一点，往往存在电压差或相位差，只有工作电源先切，备用电源后投才能避免发生非同期并列。实现这一要求的主要措施是：备用电源必须判断工作电源断路器切实断开，工作段母线无电压，才允许备用电源合闸，比如备用电源断路器的合闸部分应该由工作电源断路器的常闭辅助触点来起动。

3. BZT 装置只动作一次，动作时应发出信号

当工作母线发生持续性短路故障或引出线上发生未被出线断路器断开的持续性短路故障时，备用电源第一次投入后，由于故障仍然存在，继电保护装置动作，将备用电源跳开，此时工作母线又失压，若再次将备用电源投入，就会扩大事故，对系统造成不必要的冲击。为了解决这一问题，就需控制备用电源或设备断路器的合闸脉冲，使它只能合闸一次。

4. BZT 装置动作过程应使负荷中断供电的时间尽可能短

工作母线失压到备用电源投入，这段时间为中断供电时间。停电时间短，对电动机自起动是有利的。停电时间短，电动机未完全制动，则在 BZT 装置动作，恢复供电时，电动机自起动较容易；但停电时间过短，电动机残压可能较高，当 BZT 装置动作时，会产生过大的电流和冲击力矩，导致电动机的损伤。因此，装有高压大容量电动机的厂用电母线，中断供电的时间应在 1s 以上。对于低压电动机，因转子电流衰减极快，这种问题并不突出。同时为使 BZT 装置动作成功，故障点应有一定的电弧熄灭去游离时间，在一般情况下，备用电源或备用设备断路器的合闸时间，已大于故障点的去游离时间，因而可不考虑故障点的去游离时间，但在使用快速断路器的场合，必须进行校核。另外，中断供电的时间还必须满足馈电线外部故障时，由线路保护切除故障，避免越级跳闸。运行经验证明，BZT 装置的动作时间以 1～1.5s 为宜。

5. 工作母线电压互感器熔断器熔断时 BZT 装置不误动

运行中电压互感器二次侧断线是常见的，但此时一次侧回路正常，工作母线仍然正常工作，所以此时不应使备用电源自动投入装置动作，即 BZT 装置应予闭锁。

6. 备用电源无压时 BZT 装置不应动作

正常工作情况下，备用母线无电压时，BZT 装置应退出工作，以避免不必要的动作，因为在这种情况下，即使动作也没意义。当供电电源消失或系统发生故障造成工作母线与备用母线同时失去电压时，BZT 装置也不应动作，以便当电源恢复时仍由工作电源供电。为此，备用电源必须具有有压鉴定功能。

7. 正常停电操作时BZT装置不起动

如手动跳闸，因为此时工作电源不是因故障而退出运行，BZT装置应予闭锁。

8. 备用电源或备用设备投于故障时应使其保护加速动作

因为此时故障的性质已确定，如果仍由继电保护的固有动作时间去跳闸，则达不到快速切除故障的目的。

除上述要求以外，一个备用电源同时作为几个工作电源的备用或有两个备用电源的情况，备用电源应能在备用电源已代替某工作电源后，其他工作电源又被断开，必要时备用电源自动投入装置仍应能动作。但对于单机容量为200MW及以上的火力发电厂，备用电源只允许代替一个机组的工作电源。在有两个备用电源的情况下，当两个备用电源互为独立备用系统时，应各装设独立的BZT装置，使得当任一备用电源都能作为全厂各工作电源的备用时，BZT装置使任一备用电源都能对全厂各工作电源实行自动投入。

1.2　备用电源自动投入装置的原理

备用电源自动投入装置中，当一次运行方式相对固定时，BZT装置接线比较简单。但对于实际的运行方式来说，不可能永远在一种方式下运行，顾及到电网的灵活性，要求BZT装置投入时的动作过程也相应有所不同，如下图1－2所示：

在图1－2这种接线方式下，共有三种可能的运行方式，从而也就有三种备自投方式。以下分别详细说明。

第一种运行方式：正常运行时3QF处于断开位置，Ⅰ、Ⅱ段母线分裂运行，分别由T1、T2供电。在这种运行方式下，如果Ⅰ回路故障，导致Ⅰ段母线失压，此时BZT装置应能自动断开运行断路器1QF和2QF，然后再投入分段断路器3QF，使母线Ⅰ恢复供电；反之，如果Ⅱ回路故障，导致Ⅱ段母线失压，此时BZT装置应能自动断开运行断路器4QF、5QF，然后再投入分段断路器3QF，使母线Ⅱ恢复供电。此种方式属暗备用的备自投方式。

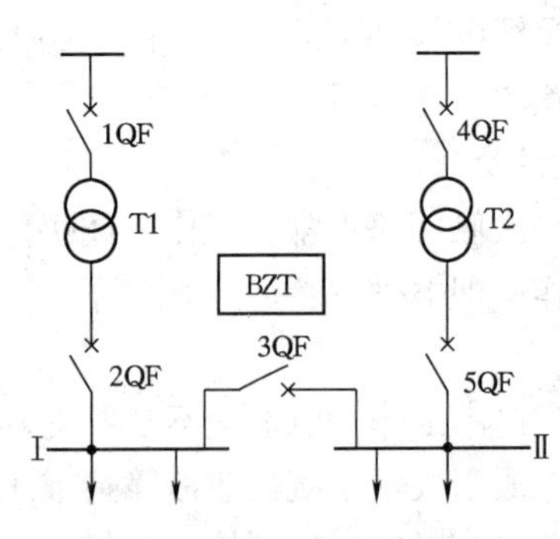

图1－2　BZT装置一次接线图

第二种运行方式：1QF、2QF、3QF处于合闸位置，4QF、5QF断开，正常运行时由T1给两条母线供电。在这种运行方式下，如果Ⅰ回路故障，导致两段母线均失压，此时BZT装置应能自动断开运行断路器1QF、2QF，然后再投入4QF、5QF，使T2给两段母线供电。

第三种运行方式：3QF、4QF、5QF 处于合闸位置，1QF、2QF 断开，正常运行时由 T2 给两条母线供电。在这种运行方式下，如果Ⅱ回路故障，导致两段母线均失压，此时 BZT 装置应能自动断开运行断路器 4QF、5QF，然后再投入 1QF、2QF，使 T1 给两段母线供电。

上述第二种和第三种运行方式属明备用的备自投方式。

为满足运行要求，BZT 装置应由低电压起动部分和自动合闸部分两部分组成：

（1）低压起动部分：其作用是监视工作母线失压和备用电源是否正常，并兼作电压互感器熔断器熔断时闭锁 BZT 装置之用。当工作母线因各种原因失去电压时，断开工作电源，并在备用电源正常时使 BZT 装置起动。

（2）自动合闸部分：在工作电源的断路器断开后，经过一定延时将备用电源的断路器自动投入。

1.3 备用电源自动投入装置接线

1.3.1 暗备用的 BZT 装置典型接线

如图 1-3 所示为厂用电系统暗备用 BZT 装置的典型接线，高压侧采用高压断路器接线，低压侧使用自动空气开关接线，低压侧母线接厂用电负荷，两台厂用变压器互为备用。

1. BZT 装置的构成

（1）低压起动部分由下列元件组成：监视工作母线失压的低电压继电器 1KV 和 3KV；监视备用电源是否正常的过电压继电器 2KV 和 4KV，并兼作电压互感器熔断器熔断时闭锁 BZT 装置之用；用于整定 BZT 装置起动时间的时间继电器 1KT 和 2KT；用于发 BZT 装置动作信号的信号继电器 1KS 和 2KS。

（2）自动合闸部分由闭锁继电器 KM、信号继电器 KS、自动空气开关 QA 的辅助接点和转换开关 QT 组成。其中，KM 的接点具有 0.5 ~ 0.8s 延时断开（瞬时闭合）时间，确保 BZT 装置只动作一次；自动空气开关辅助接点保证工作电源先切，备用电源后投；信号继电器 KS，用于发自动投入完成信号；切换开关 QT，用于手动投入或撤出 BZT 装置。

2. BZT 装置的动作过程

（1）正常运行状态。设正常运行时低压侧为单母线分段运行，T1、T2 分别提供Ⅰ、Ⅱ段母线上的负荷，保证厂用电正常运行，即 1QF、1QA、2QF、2QA 在合闸位置，而 3QA 在断开位置，一次回路中的隔离开关均为合上运行，则此时，断路器

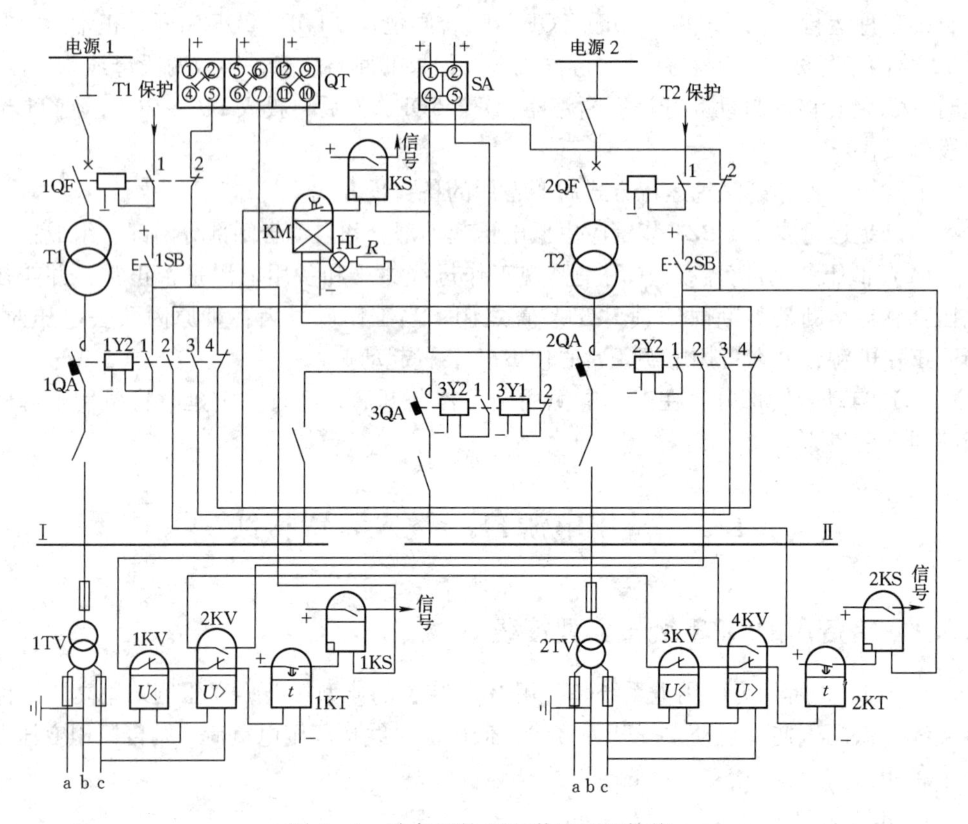

图 1-3　暗备用的 BZT 装置原理接线

和自动空气开关的辅助接点状态为：$1QF_1$、$2QF_1$、$1QA_1$、$1QA_2$、$1QA_3$、$2QA_1$、$2QA_2$、$2QA_3$、$3QA_2$ 闭合，$1QF_2$、$2QF_2$、$1QA_4$、$2QA_4$、$3QA_1$ 断开；正常运行时Ⅰ、Ⅱ段母线电压正常，1KV～4KV 常闭接点断开，2KV、4KV 常开接点闭合；在切换开关 QT 投入的情况下，由图分析可知，1KT、2KT 不动作，其延时闭合接点断开，BZT 装置不能起动；中间继电器 KM 线圈处于励磁状态，其接点闭合，指示灯 HL 亮，但因正电源被 $1QA_4$ 和 $2QA_4$ 切断，故不发合闸脉冲，为起动做好准备。

（2）工作母线失压后的 BZT 装置投入过程。以Ⅰ段母线 BZT 装置为例，当Ⅰ段母线由于某种原因失去电压时，低电压继电器 1KV 和过电压继电器 2KV 失压返回，其常闭接点闭合，起动时间继电器 1KT，经过一定时限后，起动 1QA 的跳闸线圈 1Y2，自动空气开关 1QA 跳闸，保证工作电源先切除，同时 1KS 发 BZT 装置动作信号，在 1QA 跳闸后，1QA 的辅助常开接点打开，辅助常闭接点闭合，使 KM 断电，在 KM 的触点延时返回前，通过 $3QA_2$，使自动空气开关 3QA 合闸，同时，由 KS 发

3QA 投入信号。3QA 合闸后Ⅰ、Ⅱ母线上的负荷全部由 T2 提供，完成一次 BZT 装置的自动投入过程。

Ⅱ母线的失压动作过程与Ⅰ母线的失压动作过程相似，在此不重述。

（3）合闸于持续性故障时保证 BZT 装置只动作一次。如果工作母线失压是由于母线发生持续性故障所造成，如上所述，当 BZT 装置使 3QA 合闸后，故障电流将使变压器 T2 的继电保护起动或 3QA 的过流保护起动，选择性地将 3QA 跳闸。由于在发出第一个合闸脉冲后 KM 的延时返回接点已断开，将 3QA 的合闸回路切断，不能作第二次合闸，从而保证 BZT 装置只动作一次，不影响Ⅱ段母线正常供电。

（4）备用电源无压的闭锁。在Ⅰ母线失压且Ⅱ母线无压的情况下，由于 4KV 的常开接点打开，不能起动 1KT，从而不能进行合 3QA 的操作，即保证在备用电源无压时可靠闭锁 BZT 装置，此时工作电源的切除由 T1 的继电保护完成。

（5）电压互感器熔断器熔断的闭锁。运行中当电压互感器二次侧熔断器熔断时，造成工作母线失压的假象，但此时一次侧回路正常，工作母线仍然正常工作，所以此时不应使备用电源自动投入装置动作，即 BZT 装置应予闭锁。为此，为防止电压互感器二次侧任一相熔断器熔断时 BZT 装置误起动，1KV、2KV（或 3KV、4KV）分别接在不同的相别上，其常闭接点串联，任一相熔断器熔断时不会导致两个电压继电器的常闭接点同时闭合，有效地闭锁了 BZT 装置。当然，从接线中不难发现，当两个熔断器都熔断时，BZT 装置仍会误动，但实际上两种故障同时发生的概率是极少的，而且从保护的角度上说，电压互感器均装设有断线监视回路。

1.3.2 明备用的 BZT 装置典型接线

如图 1-4 所示为明备用 BZT 装置的原理接线。

其基本要求和工作原理与暗备用基本相同，主要的不同点是：

（1）失压监视使用的低电压继电器不同。在暗备用的 BZT 装置中，可用一只低电压继电器，并从另一套 BZT 装置的备用电源正常监视用过电压继电器借用一个常闭接点，构成失压监视。而明备用 BZT 装置的失压监视则必须装设两只低电压继电器，防止电压互感器熔断器熔断而误动。

（2）合闸回路使用的闭锁继电器不同。在暗备用 BZT 装置中，两段母线的 BZT 装置可共用一个自动合闸回路，两套 BZT 装置只需一只中间闭锁继电器。而明备用 BZT 装置，由于合闸对象不一致，故每套均要有单独的闭锁继电器和中间继电器。

（3）继电保护配合不同。在暗备用 BZT 装置中，如备用电源合闸到持续性故障，首先应使分段断路器跳闸，防止越级跳闸影响非故障母线的供电。而明备用 BZT 装置则在合到持续性故障时，可直接使备用电源断路器跳闸。

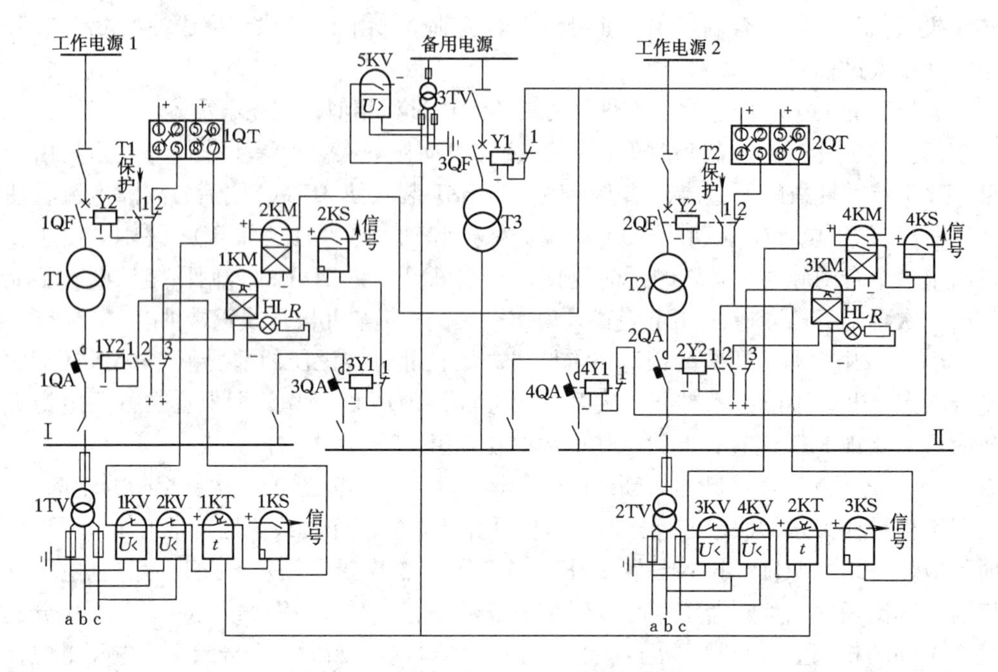

图 1－4　明备用的 BZT 装置原理接线

图 1－4 明备用 BZT 装置的工作原理：当 I 段母线由于某种原因失去电压时，低电压继电器 1KV、2KV 失压返回，接点闭合，起动时间继电器 1KT，经过一定延时后，使自动空气开关 1QA 跳闸。接着中间继电器 1KM 断电，在 1KM 的接点返回前，通过 1QA 的辅助常闭接点 $1QA_3$ 起动中间继电器 2KM，2KM 动作后，使断路器 3QF 和 3QA 合闸，合闸后，中间继电器 1KM 的延时返回触点打开，从而保证 BZT 装置只动作一次。

若备用电源自动投入于永久性短路故障上时，应由变压器 T3 的继电保护将 3QF 和 3QA 跳闸，切除故障。

1.3.3　BZT 装置元件动作参数整定

以图 1－3 暗备用 BZT 装置为例，介绍元件的动作参数的整定方法。

1. 低电压继电器 1KV、3KV 动作电压整定

整定原则：监视工作母线失压的继电器 1KV、3KV 动作电压，其整定原则是既要保证工作母线失压时能可靠动作，又要防止不必要的频繁动作，不使动作过于灵敏，整定时要考虑以下两个方面：

（1）在集中阻抗（电抗器或变压器）后发生短路，低电压继电器不应动作。如图

1-5 所示，在 K_1 点发生短路时，母线电压虽然下降，但残余电压相当高，应由线路保护切断故障线路，BZT 装置不应动作，故 1KV、3KV 的动作值应小于 K_1 点短路时工作母线的残压。

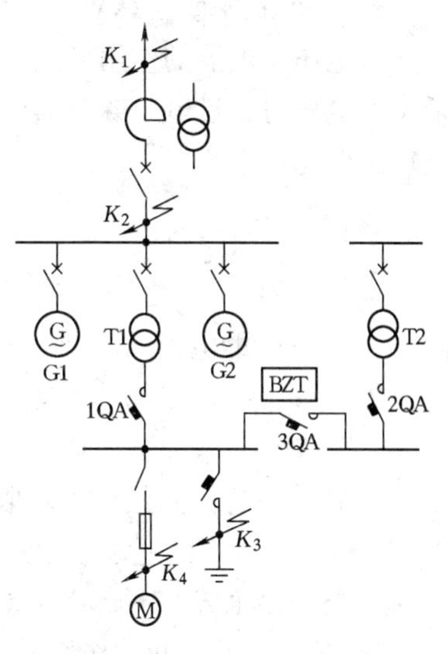

图 1-5 参数整定示意图

即 $$U_{pj} < \frac{U_{cy}}{n_T} \quad 或 \quad U_{pj} = \frac{U_{cy}}{K_{rel} n_T} \tag{1-1}$$

式中 U_{pj}——继电器的动作电压；

U_{cy}——工作母线上的残余电压；

n_T——电压互感器变比；

K_{rel}——可靠系数，取 1.1~1.3。

（2）躲过电动机自起动时母线最低电压。在母线引出线上或引出线的集中阻抗前发生短路，如图 1-5 中 K_2、K_3 点短路，母线电压很低，接于母线上的电动机被制动。在故障被切除后，母线电压恢复，电动机自起动。这时母线电压仍然很低，为避免 BZT 装置误动，故 1KV、3KV 的动作电压应小于电动机自起动时母线最小电压值。

即 $$U_{pj} = \frac{U_{min}}{n_T K_{rel} K_r} \tag{1-2}$$

式中 U_{min}——电动机自起动时最低电压；

K_r——返回系数，$K_r>1$。

取式（1-1）和式（1-2）中的较小者作为低电压继电器的动作整定值。根据运行经验，低电压继电器动作电压的整定值，一般约等于额定工作电压的 20%~25%。

2. 时间继电器 1KT（2KT）动作时限整定

时间继电器的动作时限值是保证 BZT 装置动作选择性的重要参数，其动作时间应与线路过流保护时间相配合。当系统内发生使低电压继电器动作的短路故障（如图 1-5 中 K_3、K_4 点）时，应由系统保护切除而不应使 BZT 装置动作，为此，动作时间 t_{pj} 应满足下式

$$t_{pj} = t_{dmax} + \Delta t \tag{1-3}$$

式中 t_{pj}——时间继电器的动作时间；

t_{dmax}——工作母线上各元件继电保护动作时限的最大者。

Δt——时限级差，取 0.5~0.7s。

3. 过电压继电器2KV（4KV）动作电压值的整定

过电压继电器的作用是监视备用电源是否有电压，所以当正常电压和备用母线最低工作电压时，过电压继电器应保持动作状态，因此应躲过厂用备用母线的最低运行电压，即

$$U_{pj}=\frac{U_{gmin}}{n_{T}K_{rel}K_{r}} \tag{1-4}$$

式中 U_{pj}——继电器的起动电压；

U_{gmin}——备用母线最低运行电压；

K_{rel}——可靠系数，取1.1～1.2；

K_{r}——返回系数，一般取0.85～0.9；

n_{T}——电压互感器变比。

4. 闭锁继电器TM延时返回时间值的整定

TM延时返回时间的作用是保证BZT装置只动作一次，其返回延时应大于自动空气开关3QA合闸所需时间，又小于两倍合闸时间，以免两次合闸，即

$$t_{hz}<t_{TM}<2t_{hz} \quad 或 \quad t_{TM}=t_{hz}+\Delta t \tag{1-5}$$

式中 t_{TM}——闭锁继电器TM接点延时返回时间，通过短路环调整延时；

t_{hz}——自动空气开关3QA全部合闸时间；

Δt——时间裕度，取0.2～0.3s。

小　　结

备用电源自动投入装置是指当工作电源因故障被断开以后，能迅速自动地将备用电源投入或将用电设备自动切换到备用电源上去，使用户不至于停电的一种自动装置，简称备自投或BZT装置。BZT装置结构简单，费用低，可以大大提高供电的可靠性和连续性，广泛应用于发电厂的厂用电系统和厂矿企业的变、配电所的所用电系统中。通常采用两种备用方式，即：明备用和暗备用，设有可见的专用备用电源的称为明备用，互为备用即为暗备用。

对备用电源自动投入装置的基本要求是：工作母线突然失压，BZT装置应能动作；工作电源先切，备用电源后投；BZT装置只动作一次，动作时应发出信号；BZT装置动作过程应使负荷中断供电的时间尽可能短为原则；工作母线电压互感器的熔断器熔断时BZT装置不误动；备用电源无压时，BZT装置不应动作；正常停电操作，BZT装置不起动；备用电源或备用设备投于故障时，一般应使其保护加速动作。

BZT装置由低压起动部分和自动合闸两部分组成。低压起动部分作用是监视工作母线失压和备用电源是否正常，并兼作电压互感器的熔断器熔断时闭锁BZT装置之用。当工作母线因各种原因失去电压时，断开工作电源，并在备用电源正常时使BZT装置起动；自动合闸部分是在工作电源的断路器断开后，经过一定延时将备用电源的断路器自动投入。

为使BZT装置能可靠运行，对起动过程中的主要元器件的动作参数必须进行整定，使BZT装置既不误动又不拒动。

复习思考题

1－1　备用电源自动投入装置有何用途？

1－2　备用电源自动投入应满足哪些基本要求？

1－3　若在图1－5的K_3点发生两相或三相短路而未被该出线保护断开时，BZT装置是如何动作的？结合图1－3说出各继电器的动作情况。

1－4　选择BZT装置的低电压、过电压继电器的动作电压，时间继电器的动作时限要考虑哪些因素？

1－5　BZT装置中闭锁继电器TM的延时返回时间应如何确定？如何调整？

1－6　试作出图1－3和图1－4的展开式原理图。

第 2 章

输电线路的自动重合闸装置

【教学要求】 通过本章的学习，了解自动重合闸装置的作用以及对自动重合闸的基本要求；理解三相一次自动重合闸的概念，掌握电气式三相一次自动重合闸装置的工作原理及参数整定原则；了解双侧电源线路三相自动重合闸应考虑的特殊问题，掌握无电压检定和同步检定的三相自动重合闸的工作原理及参数整定原则、同步检定继电器的工作原理；掌握重合闸前加速、后加速保护的定义、工作过程及特点；了解综合重合闸的工作方式、综合重合闸需考虑的特殊问题及构成原则；简要介绍重合器与分段器的功能及配合使用原则。

2.1 输电线路自动重合闸装置的作用及分类

2.1.1 自动重合闸装置的作用

电力系统的运行经验表明，架空线路故障大多数是瞬时性故障，例如由雷电引起的绝缘子表面闪络、大风引起的短时碰线、通过鸟类或树枝等物掉落在导线上引起的短路等，在线路被继电保护迅速动作控制断路器断开后，故障点的绝缘水平可自行恢复，故障随即消失。此时，如果把断开的线路断路器重新合上，就能够恢复正常的供电。为此，称这类故障为瞬时性故障。另外，还有一些故障，例如由于线路倒杆、断线、绝缘子击穿或损坏等引起的故障，在故障线路被断开后，故障点绝缘强度不能恢复，这时，即使重新合上断路器，也会再次被断开，这类故障称为永久性故障。

在线路被断开以后再进行一次合闸，就有可能恢复供电，从而大大提高供电的可靠性。由运行人员手动进行合闸，当然也能够实现上述作用，但由于停电时间过长，用户电动机多数已经停转，因此其效果就不显著。为此在电力系统中采用了自动重合闸

装置（简写为ARD装置），即能自动迅速地将断开的线路断路器重新合闸的一种装置。

在输电线路上装设重合闸以后，重合闸本身不能判断故障是否属瞬时性故障。因此，如果故障是瞬时性的，则重合闸能成功；如果故障是永久性的，则重合后由此继电保护再次动作断路器跳闸，则重合不成功。运行统计资料表明，输电线路自动重合闸装置的动作成功率（用重合成功的次数与总动作次数之比表示）约在60%～90%之间。可见采用自动重合闸装置的效益是很可观的，重合闸在电力系统中的作用主要如下：

（1）大大提高供电的可靠性，减少线路停电的次数，特别是对单侧电源的单回线路尤为显著。

（2）提高电力系统并列运行的稳定性。两个电力系统并列运行，在联络线事故跳闸后，两个系统都可能出现功率不平衡。一个系统功率不足，则发生系统频率和电压的严重下降；另一个系统则功率过剩，造成系统频率和电压的剧烈上升。如果采用快速重合闸，在转子位置角还未拉得很大时将线路重合成功，则两个系统能马上恢复同步稳定运行。

（3）弥补输电线路耐雷水平降低的影响。在电力系统中，10kV线路一般不装设避雷线，35kV线路一般只在进线段1～2km范围内装设避雷线，线路耐雷水平较低，装设自动重合闸后，可以提高供电可靠性。

（4）对断路器本身由于机构不良或继电保护误动作而引起的误跳闸，能起纠正的作用。

由于重合闸装置本身的投资很低，工作可靠，因此在电力系统中得到了广泛的应用。

在采用重合闸以后，当重合于永久性故障上时，也将带来一些不利的影响，如：

（1）使电力系统又一次受到故障的冲击，可能引起电力系统的振荡。

（2）使断路器工作条件恶化，因为在很短时间内断路器要连续两次切断短路电流。

对于断路器的开断电流，就空气断路器而言，在重合闸过程中可认为不受影响。对于油断路器，考虑到第一次切断短路电流时，触头附近的油要分解和碳化，所以油的绝缘性能要降低，绝缘性能的恢复需要一定的时间，同时灭弧室的绝缘油充分交换也需要时间，故断路器切断重合于永久性故障时的开断电流要降低一些。因而，在短路容量比较大的电力系统中，上述不利条件往往限制了重合闸的使用。

2.1.2　自动重合闸装置的分类

1. 按其构成原理分类

（1）机械式自动重合闸装置。主要有重合跌落保险、重锤或弹簧机械式自动重合闸。

（2）电气式自动重合闸装置。电气式自动重合闸一般由电磁型继电器与阻容元件构成。

（3）晶体管式自动重合闸装置。

2. 按其应用的线路结构分类

单侧电源线路自动重合闸装置和双侧电源线路自动重合闸装置。

对于双侧电源线路的三相自动重合闸，按不同的重合闸方式，又可分为三相快速自动重合闸装置、非同步自动重合闸装置、无压检定和同步检定的自动重合闸装置、检查平行线路有电流的自动重合闸装置、解列自动重合闸装置和自同步自动重合闸装置。

3. 按其功能分类

（1）三相自动重合闸。三相自动重合闸是指线路上发生了不论是单相短路还是相间短路时，继电保护装置均将线路三相断路器断开，然后起动自动重合闸同时合三相断路器的方式。若故障为瞬时性的，则重合闸重合成功；否则保护再次动作，跳三相断路器。

（2）单相自动重合闸。单相自动重合闸是指线路上发生单相接地故障时，保护动作只断开故障相的断路器，然后进行单相重合。如果故障是瞬时性的，则重合闸后，便可恢复三相供电；如果故障是永久性的，而系统又不允许长期非全相运行，则重合后，保护动作，使三相断路器跳闸，不再进行重合。

如果线路上发生相间故障时，单相自动重合闸一般都跳三相断路器，不进行重合。

单相自动重合闸只限用于220kV及以上装有分相操作机构的断路器的输电线路。

（3）综合自动重合闸。综合自动重合闸是指线路上发生单相接地故障时，断开故障相的断路器，进行一次单相重合。若为永久性故障，则断开三相不再重合。当线路上发生相间短路时，断开三相，进行一次三相重合，若为永久性故障，则断开三相不再重合。

综合自动重合闸一般适用于220kV及以上的重要联络线路。

4. 按允许的动作次数分类

按允许的动作次数分为一次自动重合闸装置、二次自动重合闸装置和多次自动重合闸装置。

2.2 对输电线路自动重合闸装置的基本要求

（1）重合闸的起动方式。在断路器事故跳闸时，重合闸应能起动；正常跳闸时，

重合闸应闭锁。为了区别正常跳闸与事故跳闸，一般有两种起动方式。

1）不对应起动方式，就是指控制开关在“合后”位置，而断路器在“跳后”位置，两个位置不对应，表明断路器因继电保护动作或误动作而跳闸，重合闸装置起动。这种起动方式适用于有人值班就地控制的水电厂或变电所，不适用于遥控的线路。

2）保护起动方式。利用线路保护动作于断路器跳闸的同时，使自动重合闸装置起动。这种起动方式对断路器误跳闸不能起纠正作用，适用于遥控场合。

（2）在正常跳闸时，应将自动重合闸装置闭锁。其中：

1）由运行人员手动操作或通过遥控装置将断路器断开时，自动重合闸装置不应起动，不能将断路器重新合上。

2）当手动投入断路器或自动投入断路器时，若线路上有故障，随即被继电保护将其断开时，自动重合闸不应起动，不发出重合闸脉冲。

3）按频率自动减负荷装置动作将断路器断开时，自动重合闸装置应闭锁。

4）母线保护或桥形接线的主变差动保护动作跳闸，因不属线路故障，自动重合闸装置也应闭锁。

（3）动作时间应尽可能短些。继电保护动作切除故障后，在满足故障点绝缘恢复及断路器操作机构已准备好重合的条件下，自动重合闸装置应尽快发出重合闸脉冲，以缩短停电时间。

（4）动作次数应符合预先的规定。自动重合闸装置动作次数应按预先规定进行。如一次重合闸就应该只动作一次，当重合于永久性故障而再次跳闸以后，就不应该再动作；对二次重合闸就应该能够动作两次，当第二次重合于永久性故障而跳闸后，应不再动作。

（5）应与继电保护配合。自动重合闸装置应有可能在重合闸以前或重合闸以后加速继电保护的动作，以便更好地和继电保护相配合，加速故障的切除。

（6）动作后应自动复归，方便调试和监视。自动重合闸装置动作后自动复归，可为下一次动作做好准备；自动重合闸装置在线路运行时应能方便退出或进行完好性试验，动作后应发出信号。

（7）当断路器处于不正常状态（如操作机构中使用的气压、液压降低等）而不允许实现重合闸时，应将自动重合闸装置闭锁。

2.3　单侧电源线路三相一次自动重合闸

单侧电源线路是指单电源供电的辐射状线路、平行线路和环状线路。三相一次自动重合闸就是在输电线路上发生任何故障，继电保护装置将三相断路器断开时，自动重合闸起动，经一定的延时，发出重合闸脉冲，将三相断路器一起合上。若为瞬时性故障，则重合成功，线路继续运行；若为永久性故障，则继电保护再次动作将三相断路器断开，不再重合。

2.3.1 三相一次自动重合闸的原理接线

图2-1所示为DCH型电气式三相一次自动重合闸装置的原理接线。装置主要由DCH型重合闸继电器KR、防跳继电器KCF、加速继电器KAC、信号继电器KS、切换片XB1等元件组成。

图中虚线方框内为DCH型重合闸继电器的内部结构和接线，由时间继电器KT、具有两个线圈的中间继电器KM、储能电容器C、充电电阻R_4、放电电阻R_6及信号

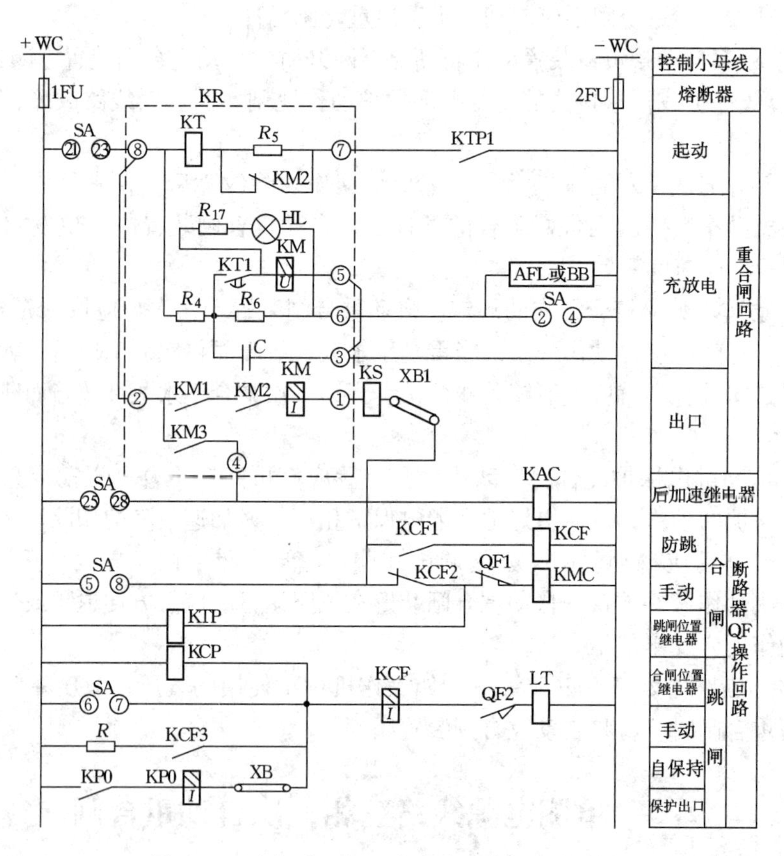

图2-1 电气式三相一次自动重合闸原理接线

灯 HL 等组成。

SA 是手动操作的控制开关，其触点的通断状况如表 2－1 所示，“×”表示通，“—”表示断。

表 2－1　　SA 触点通断状况

操　作　状　态		手动合闸	合闸后	手动跳闸	跳闸后
SA 触点号	2－4	—	—	—	×
	5－8	×	—	—	—
	6－7	—	—	×	—
	21－23	×	×	—	—
	25－28	×	—	—	—

下面分析这种重合闸装置的工作情况：

（1）线路正常运行时。断路器处于合闸位置，断路器的常开辅助触点 QF2 闭合、常闭辅助触点 QF1 断开，跳闸位置继电器 KTP 失电，其常开触点 KTP1 断开。控制开关 SA 处于合后位置，其触点 SA_{21-23} 接通，触点 SA_{2-4} 断开，重合闸装置投入，指示灯 HL 亮，电容 C 经 R_4 充电。

（2）线路发生瞬时性故障或由于其他原因使断路器误跳闸时。当线路发生瞬时性故障时，继电保护动作将断路器跳开后，断路器的常闭辅助触点 QF1 闭合，跳闸位置继电器 KTP 得电，其常开触点 KTP1 闭合，起动自动重合闸继电器中的时间元件 KT，经一定延时，其常开触点 KT1 闭合。电容 C 经 KT1、中间继电器 KM 的电压线圈放电，KM 起动后，其常开触点 KM1、KM2、KM3 闭合，接通合闸接触器回路（+WC→SA_{21-23}→KM1→KM2→KM 电流线圈→KS→XB1→KCF2→QF1→KMC→-WC），合闸接触器 KMC 动作，合上断路器。重合闸动作时，因 KT1 闭合，信号灯 HL 失电而熄灭。

KM 电流线圈起自保持作用，只要 KM 被电压线圈短时起动一下，便可通过电流自保持线圈使 KM 在合闸过程中一直处于动作状态，以保证断路器可靠合闸。

断路器重合后，其常闭辅助触点 QF1 断开，KM 失电返回，KTP 也复归，KTP1 断开，使 KT 返回，KT1 断开，电容 C 开始重新充电，经 15～25s 后电容 C 充满电，准备好下次的动作。

当断路器由于某种原因误跳闸时，重合闸的动作过程与上述过程相同。

（3）线路发生永久性故障时。重合闸装置的动作过程与（2）所述相同。由于是永久性故障，保护将再次动作使断路器第二次跳闸，自动重合闸再次起动。KT 再次起动，KT1 又闭合，电容 C 向 KM 电压线圈放电。由于电容 C 充电时间短，电压低，不能使KM动作，断路器无法再次重合，保证了断路器只重合一次。

需要指出一点，因QF不再重合，KT1触点一直闭合，直流操作电源会经R_4、KT1、KM电压线圈形成通路，但由于R_4阻值很大（约几兆欧），而KM电压线圈电阻只有几千欧，KM电压线圈承受的分压值很小，故KM不会动作。

（4）手动跳闸时。控制开关SA手动跳闸时，其触点SA_{6-7}通，接通断路器的跳闸回路；SA_{21-23}断，装置不可能起动。跳闸后，SA_{2-4}通，接通了电容C对电阻R_6的放电回路。由于R_6阻值仅为几百欧，所以电容C放电后的电压接近于零，保证下次手动合闸于故障线路时，装置不会动作。

（5）手动合闸于故障线路时。手动合闸时，触点SA_{5-8}通，合闸接触器KMC起动合闸；SA_{21-23}通，SA_{2-4}断，电容C开始充电。同时SA_{25-28}通，使后加速继电器KAC动作。当合闸于故障线路时，保护动作，经加速继电器KAC的延时返回常开触点使断路器瞬时跳闸。这时，因电容C充电时间短，电压很低，电容C放电不足于起动KM，从而保证ARD装置可靠不动作。

（6）闭锁重合闸装置动作时。在某些情况下，断路器跳闸后不允许自动重合闸。例如，按频率自动减负荷装置AFL或母线差动保护BB、桥式接线的变压器差动保护动作时，应将ARD装置闭锁，使之退出工作。实现的方法就是利用AFL装置或BB的出口触点与SA_{2-4}并联，当AFL装置或BB动作时，其出口触点闭合，电容C经R_6电阻放电，ARD装置无法动作，以达到闭锁ARD装置的目的。

（7）防止断路器多次重合于永久性故障的措施。如果线路发生永久性故障，且重合闸第一次动作时就出现了KM1、KM2触点粘牢或卡住现象，由于是永久性故障，保护将再次动作跳闸，因KM1、KM2触点接通，若没有防跳继电器KCF，则合闸接触器KMC通电而使断路器第二次重合。如此反复，断路器将发生多次重合的严重后果，形成“跳跃现象”，这是不允许的。为此装设了防跳继电器KCF，当断路器第二次跳闸时，KCF电流线圈通电而使KCF动作. TIF，+WC→SA_{21-23}→KM1→KM2→KM电流线圈→KS→XB1→KCF1→KCF电压线圈→-WC，KCF自保持，其触点KCF2断开，切断重合闸的合闸回路，使断路器不会多次重合。

同样，当手动合闸于故障线路时，如果控制开关SA_{5-8}粘牢，在保护动作使断路器跳闸后，KCF起动，并经SA_{5-8}、KCF1接通KCF电压自保护回路，使SA_{5-8}断开之前KCF不能返回，并借助KCF2切断合闸回路，使断路器不能重合。

2.3.2 参数整定

1. 重合闸动作时间

重合闸动作时间，原则上越短越好，但必须考虑以下两方面的原因。

（1）断路器跳闸后，故障点的电弧熄灭以及周围介质绝缘强度的恢复需要一定的时间，必须在这个时间以后进行重合才有可能成功。

（2）重合闸动作时，继电保护一定要返回，同时断路器操作机构恢复原状，准备好再次动作也需要一定的时间，重合闸必须在这个时间以后才能向断路器发出合闸脉冲。

因此，对于单电源辐射状单回线路，重合闸动作时间整定为

$$t_{ARD}=t_{dis}-t_{c}+t_{res} \tag{2-1}$$

式中　t_{ARD}——重合闸动作时间；

t_{dis}——消弧及去游离时间；

t_{c}——断路器的合闸时间；

t_{res}——时间裕度，取0.1～0.15s。

对于单电源平行线路或环状线路，其重合闸动作时间整定为

$$t_{ARD}=t_{op.N.max}-t_{op.M.min}+t_{o.N}-t_{o.M}+t_{dis}-t_{c.M}+t_{res} \tag{2-2}$$

式中　$t_{op.N.max}$——线路对侧保护动作的最大时间；

$t_{op.M.min}$——线路本侧保护动作的最小时间；

$t_{o.N}$——线路对侧断路器跳闸时间；

$t_{o.M}$——线路本侧断路器跳闸时间；

t_{dis}——消弧及去游离时间；

$t_{c.M}$——断路器的合闸时间；

t_{res}——时间裕度，取0.1～0.15s。

为了保证瞬时性故障能可靠切除，提高重合闸装置动作的成功率，单侧电源线路的重合闸动作时间一般取0.8～1s。

2. 重合闸复归时间

重合闸复归时间就是电容C从零充电到中间继电器KM动作电压所需的时间。复归时间的整定必须满足以下要求：

（1）保证当重合到永久性故障，由后备保护切除故障时，断路器不会再次重合。计算公式为

$$t_{re}=t_{op.max}+t_{c}+t_{ARD}+t_{o}+t_{res} \tag{2-3}$$

式中　t_{re}——重合闸复归时间；

$t_{op.max}$——后备保护最大动作时间；

t_{c}——断路器的合闸时间；

t_{o}——断路器的跳闸时间；

t_{ARD}——重合闸动作时间；

t_{res}——时间裕度。

（2）保证断路器切断能力的恢复，即重合闸动作成功后，复归时间不小于断路器恢复到再次动作所需的时间。

综合这两方面的要求，重合闸复归时间一般取15～25s。

3. 重合闸后加速继电器复归时间

按保证所加速的保护装置可靠动作切除故障线路的条件整定，即

$$t_{a.re} \geqslant t_{op} + t_o \tag{2-4}$$

式中 $t_{a.re}$——后加速继电器复归时间；

t_{op}——被加速保护的动作时间；

t_o——断路器跳闸时间。

2.4 双侧电源线路三相自动重合闸

双侧电源线路是指线路两侧均有电源的联络线。在这种线路上采用自动重合闸装置时，还应考虑以下两个问题。

第一，故障点的断电时间问题。线路发生故障时，两侧继电保护可能以不同的时限跳开两侧断路器。这样，后跳闸一侧的断路器跳开时，故障点才完全断电。为保证故障点有足够的断电时间，以提高重合闸成功的可能性，先跳闸一侧的断路器重合动作，应在故障点有足够断电时间的情况下进行。

第二，同步问题。在某些情况下，当线路发生故障时，两侧断路器跳闸后，线路两侧电源之间有可能失去同步。因此，后合闸一侧的断路器在进行重合闸时，必须保证两电源间的同步条件，或校验是否允许非同步重合闸。所以，双侧电源线路上的三相自动重合闸，应根据电网的接线方式和运行情况，采用不同的重合闸方式。国内采用的有：三相快速自动重合闸、非同步自动重合闸、无电压检定和同步检定的自动重合闸、解列重合闸、检定平行线路有电流的自动重合闸和自同步重合闸等。

2.4.1 三相快速自动重合闸

三相快速自动重合闸是在线路发生故障时，两侧保护瞬时将故障切除后，不管两侧电源是否同步，就可进行重合，经0.5～1s延时后，两侧断路器都重新合上。在合闸瞬间，两侧电源很可能不同步，但因重合时间短，重合后系统也会很快拉入同步。可见，快速重合成功可提高系统并列运行的稳定性和供电可靠性。但采用三相快速自

动重合闸应具备如下条件：

（1）必须装设全线速动保护，如高频保护。

（2）线路两侧装有可以进行快速重合闸的断路器，如快速空气断路器。

（3）在两侧断路器非同步重新合闸瞬间，输电线路上出现的冲击电流，不能超过电力系统各元件的冲击电流的允许值。

输电线路的冲击电流，可根据两侧电源电势的相差角 δ 计算。

当两侧电源电势的幅值相等时，输电线路的冲击电流为

$$I=\frac{2E}{Z_{\Sigma}}\sin\frac{\delta}{2} \tag{2-5}$$

式中 Z_{Σ}——系统的总阻抗；

δ——两侧电源电势的相角差，考虑最严重情况时，$\delta=180°$；

E——同步电机电势有效值，E 取 $1.05U_{N}$。

按规定，由式（2-5）计算得出的冲击电流不应超过下列规定数值：

对于汽轮发电机 $$I\leqslant\frac{0.65}{x''_{d}}I_{N} \tag{2-6}$$

对于有阻尼的水轮发电机 $$I\leqslant\frac{0.6}{x''_{d}}I_{N} \tag{2-7}$$

对于无阻尼的水轮发电机 $$I\leqslant\frac{0.6}{x'_{d}}I_{N} \tag{2-8}$$

对于同步调相机 $$I\leqslant\frac{0.84}{x'_{d}}I_{N} \tag{2-9}$$

对于电力变压器 $$I\leqslant\frac{100}{U_{K}}I_{N} \tag{2-10}$$

式中 I——通过各元件的最大冲击电流的周期分量有效值；

I_{N}——各元件的额定电流；

x''_{d}——发电机的纵轴次暂态电抗标么值；

x'_{d}——发电机的纵轴暂态电抗标么值；

U_{K}——电力变压器的短路电压，为百分数值。

2.4.2 非同步自动重合闸

当不具备快速切除全线路故障和快速动作的断路器条件时，可以考虑采用非同步自动重合闸。非同步自动重合闸就是输电线路两侧断路器跳闸后，不考虑系统是否同步而进行自动重合。显然，重合时电气设备可能要受到较大电流的冲击，系统也可能出现振荡现象，因而采用非同步自动重合闸具有一定的条件。

从电力系统中的电气设备安全角度考虑，进行非同步重合闸时同步电机的电磁转矩不得超过发电机出口三相突然短路所产生的电磁转矩；流过同步发电机、同步调相机或电力变压器的冲击电流不得超过允许值，如无专门规定时，冲击电流的允许值同三相快速自动重合闸时的规定值相同，不过在计算冲击电流时两侧电势间相差角取180°。

再从负荷角度考虑，在非同步重合闸所产生的振荡过程中，应采取相应措施减小对重要负荷的影响。自然，对于重合后经历较长时间的异步运行而后拉入同步或根本不能恢复同步运行的状况，必将甩去大量负荷，因而不能采用非同步重合闸。

线路非同步自动重合闸通常有两种方式，即按顺序投入线路两侧断路器和不按顺序投入两侧断路器的方式。

不按顺序投入线路两侧断路器的方式是两侧均采用单电源线路重合闸接线。这种重合闸方式的优点是：接线简单，不需装设线路电压互感器，系统恢复并列运行快，从而提高了供电可靠性。其缺点是永久性故障情况下线路两侧均要重合一次。

按顺序投入线路两侧断路器的方式是预先规定两侧断路器的合闸顺序，先重合侧采用单电源线路重合闸接线，后重合侧检定线路有电压后才重合。这种重合方式的最大优点是永久性故障情况下后重合侧不会重合，免除再一次给系统造成冲击。其缺点是后重合侧一定要在线路有电压下（即先重合侧断路器已合上）才进行重合，因而整个重合闸时间较长，线路恢复供电时间也较长；另外，在线路侧必须装设电压互感器或电压抽取装置，增加了设备投资。

我国110kV以上的线路，非同步重合闸一般采用不按顺序投入线路两侧断路器的方式。

2.4.3 无电压检定和同步检定的三相自动重合闸

在没有条件或不允许采用三相快速重合闸、非同步重合闸的双电源单回线路或弱联系的环网线上，可考虑采用无电压检定和同步检定的三相自动重合闸。这种重合闸方式是指当线路两侧断路器跳开后，其中一侧（称为无压侧）先检定线路无电压而重合，后重合侧（称为同步侧）检定线路两侧电源满足同步条件后再进行重合。显然，这种重合闸方式不会产生危及设备安全的冲击电流，也不会引起系统振荡，重合后能很快进入同步运行状态。

1. 工作原理

图2-2所示为无电压检定和同步检定的三相自动重合闸示意图。线路MN两侧各装一套带同步检定继电器KSY和低电压继电器KV的ARD装置。无压侧（M侧）的无压、同步连接片投入，同步侧（N侧）仅投入同步连接片。其工作原理如下。

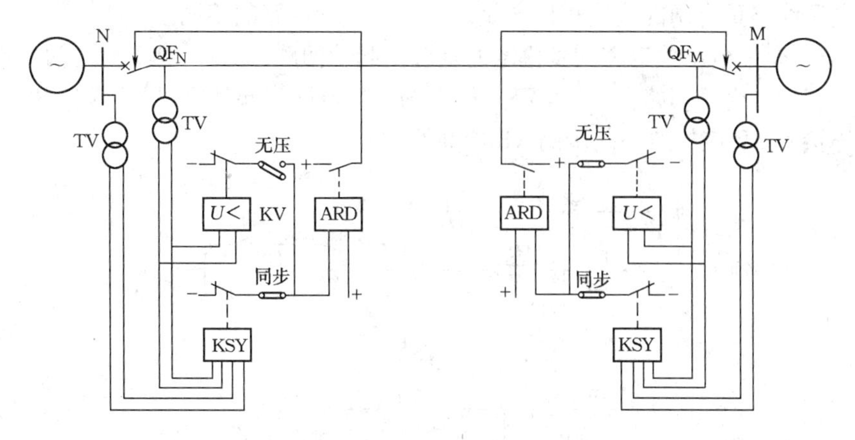

图 2-2　无电压检定和同步检定的三相自动重合闸示意图

（1）线路发生瞬时性故障时。保护动作将两侧断路器跳闸，线路无电压，两侧的检定同步继电器 KSY 不工作，常闭触点打开。M 侧低电压继电器 KV 检定线路无电压而动作，触点闭合，经连接片起动 ARD 装置，经预定时间，QF_M 合闸。QF_M 合后，N 侧线路有电压，N 侧 KSY 开始工作，待两侧电压满足同步条件时，KSY 常闭触点闭合时间足够长（等于或大于图 2-1 中 KT1 的延时），起动 ARD 装置，使 N 侧断路器 QF_N 合闸，线路恢复正常供电。

（2）线路发生永久性故障时。M 侧重合后，由无压侧后加速保护装置动作跳闸。在这过程中，同步侧断路器始终不能重合。

（3）正常运行情况下，因误碰或保护误动作造成断路器误跳闸时。如果同步侧断路器发生误跳，则可通过该侧 KSY 检定同步后使 N 侧断路器重新合上；若无压侧断路器误跳，因线路有电压，无压侧不能由 KV 触点去起动 ARD 装置，从原理上讲，因无压侧同步连接片投入，由同步检查继电器 KSY 检查同步合格后，便可将 M 侧断路器重新合上。

由以上分析可知，无压侧断路器重合到永久性故障时，将连续两次切断短路电流，其工作条件比同步侧恶劣。为使两侧断路器的工作条件接近相同，所以在两侧均装设 KSY 和 KV，利用连接片定期轮换其工作方式。需要指出，同步侧的无电压检定不能投入工作，即同步侧的无压连接片 XB 是断开的，否则可能会造成非同步重合闸，导致系统稳定被破坏或电气设备损坏的严重后果。若两侧无压连接片都断开，会造成故障后重合闸拒动。

2. 无压检定和同步检定的三相自动重合闸接线

由图 2-2 的工作原理可知，无压检定和同步检定的三相自动重合闸的接线与图

2－1单电源线路重合闸的接线相比，仅是重合闸起动回路的不同。

图 2－3 是无电压检定和同步检定的重合闸起动回路，其中 KV2 触点构成检定线路无电压起动重合闸回路，KV1、KSY 触点构成检定同步起动重合闸回路，但应注意无压侧连接片 XB 应接通，同步侧 XB 应断开。

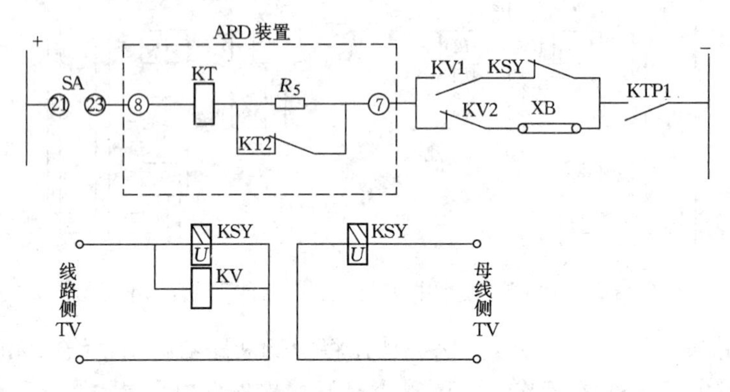

图 2－3　无电压检定和同步检定的重合闸起动回路

考虑到发电厂或变电所母线上电压消失的情况一般较少，因此图 2－3 接线中不设母线无电压监视起动回路。这样，当无压侧电源解列时，任一侧断路器误跳闸时不会自动重合闸；在这种情况下，线路上发生瞬时性故障同步侧断路器跳闸后，也不能自动重合闸。当同步侧电源解列时，对于该侧断路器的误跳闸，重合闸同样也不会动作。

3. 同步检定继电器工作原理

同步检定继电器常用的有电磁型和晶体管型两种。下面结合图 2－2 中同步侧 KSY 介绍 DT—13 电磁型同步检定继电器的工作原理，其结构如图 2－4（a）所示。继电器的两个电压线圈，分别从母线侧和线路侧的电压互感器上接入同名相的电压。两组线圈在铁芯中所产生的磁通方向是相反的，因此铁芯中的总磁通 $\dot{\Phi}_\Sigma=\dot{\Phi}_M-\dot{\Phi}_N$，反映了两个电压所产生的磁通之差，即反映两电压之差 $\Delta\dot{U}$。

若 $\dot{U}_M$ 与 $\dot{U}_N$ 频率不同而幅值相同，则从图 2－4（b）分析可得 ΔU 与 δ 的关系为

$$\Delta U=2U\left|\sin\frac{\delta}{2}\right| \tag{2-11}$$

$$\delta=\left|\omega_N-\omega_M\right|t \tag{2-12}$$

从式（2－11）可知，继电器铁芯中的磁通 Φ_Σ 将随 δ 变化。当 $\delta=0$ 时，$\Delta U=$

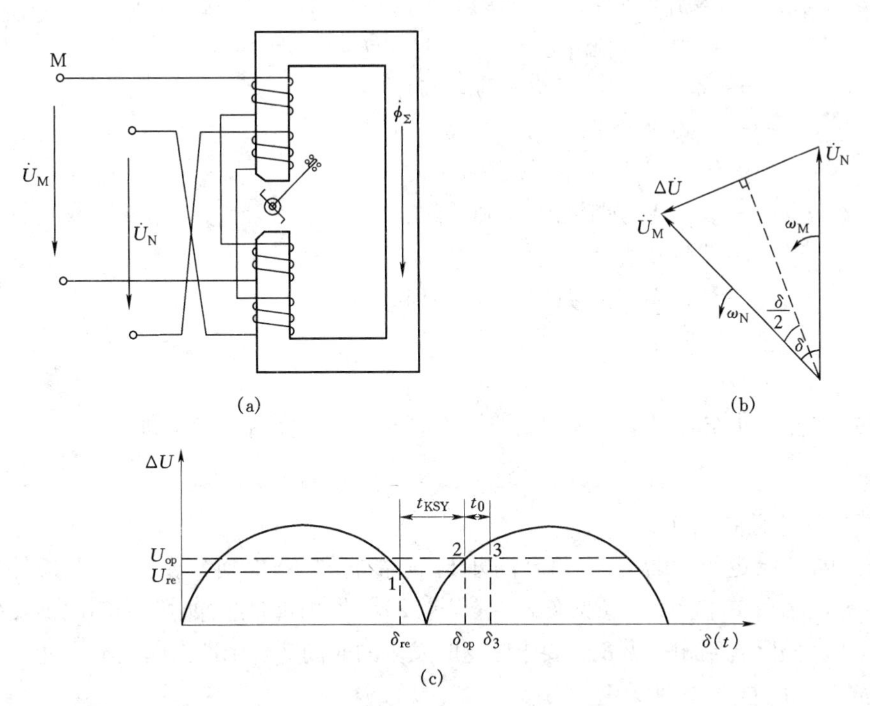

图 2-4 同步检定继电器及其工作原理

(a) 结构；(b) 电压相量；(c) ΔU 与 δ 的关系

0，$\Phi_\Sigma=0$，δ 增加，Φ_Σ 也增大，则作用于转动舌片上的电磁力矩增大。当 δ 大到一定值后，电磁力矩足以克服弹簧的反作用力矩时，舌片转动，其常闭触点断开，将 ARD 装置闭锁。

假定继电器动作电压、返回电压已经确定，由图 2-4（c）可见，1、2 两点之间为 KSY 常闭触点的闭合期，闭合时间 $t_{KSY}=\dfrac{\delta_{re}+\delta_{op}}{\omega_M-\omega_N}$，频差越小，$t_{KSY}$ 越长，反之亦然。

当相角差、频率差为 0 或很小时的合闸为同步合闸，据此进一步分析 KSY 是如何检查同步，并使 ARD 合闸的。当频差（$\omega_M-\omega_N$）较大时，t_{KSY} 很短，$t_{KSY}<t_{ARD}$，重合闸不动作。当相差 δ 较大时，ΔU 较大，KSY 动作，常闭触点断开，闭锁重合闸，重合闸不动作。

当频差较小，且 δ 较小，即满足频差、相差条件时，$t_{KSY}>t_{ARD}$，KSY 常闭触点闭合，重合闸才能命令断路器重合。

4. 参数整定

（1）无压侧：①低电压继电器动作电压按其灵敏度不小于 2 来整定，一般为

50% U_N；②重合闸动作时间按两侧断路器不同时跳闸的条件整定，即

$$t_{AR.M}=t_{op.N.max}-t_{op.M.min}+t_{o.N}-t_{o.M}+t_{dis}-t_{c.M}+t_{res} \quad (2-13)$$

式中 $t_{op.N.max}$——线路 N 侧保护动作的最大时间；

$t_{op.M.min}$——线路 M 侧保护动作的最小时间；

$t_{o.N}$——线路 N 侧断路器跳闸时间；

$t_{o.M}$——线路 M 侧断路器跳闸时间；

t_{dis}——消弧及去游离时间；

$t_{c.M}$——线路 M 侧断路器的合闸时间；

t_{res}——时间裕度。

（2）同步侧：

1）重合闸动作时间。按两侧断路器不同时跳闸的条件整定，即

$$t_{AR.N}=t_{op.M.max}-t_{op.N.min}+t_{o.M}-t_{o.N}+t_{dis}-t_{c.N}+t_{res} \quad (2-14)$$

式中符号的意义同式（2-8）。

2）同步检定继电器动作角。同步检查继电器 KSY 动作角按以下条件整定。①$t_{KSY}\geqslant t_{ARD}$；②在临界点［（见图 2-4(c)点 2）］发出重合脉冲时，因断路器要延到 3 点才合上，实际合闸相角为 δ_3，要求在这时发生的非同期合闸冲击电流不超过允许值。

按第一条件

$$\delta_{op}\geqslant\frac{(\omega_M-\omega_N)t_{ARD}}{1+K_{re}};\ t_{op}=t_{ARD} \quad (2-15)$$

式中 K_{re}——继电器返回系数，一般取为 0.85。

按第二条件，经推得

$$\delta_{op}\leqslant\frac{2\arcsin\left[\frac{I_{s.m}Z''_{\Sigma}}{2|E''_d|}\right]}{1+(1+K_{re})\frac{t_{c.M}}{t_{op}}} \quad (2-16)$$

式中 $I_{s.m}$——系统允许的冲击电流；

Z''_{Σ}——系统综合次暂态阻抗；

E''_d——系统次暂态电势，$E''_M=E''_N=E''_d$；

$t_{c.M}$——M 侧断路器合闸时间。

2.4.4 在一些特定条件下采用不经同步检定的特殊重合闸方式

（1）检定另一回线路有电流的自动重合闸。在没有其他旁路联系的双电源平行双

回线路上，如图 2-5 所示，在一回线因故障断开后，只要另一回线路不断开，两侧电源一般不会失去同步。此时，只要检定另一回线路有电流就相当于检定了两侧电源同步，从而可进行重合闸。采用这种重合闸方式的优点是电流检定比同步检定简单。

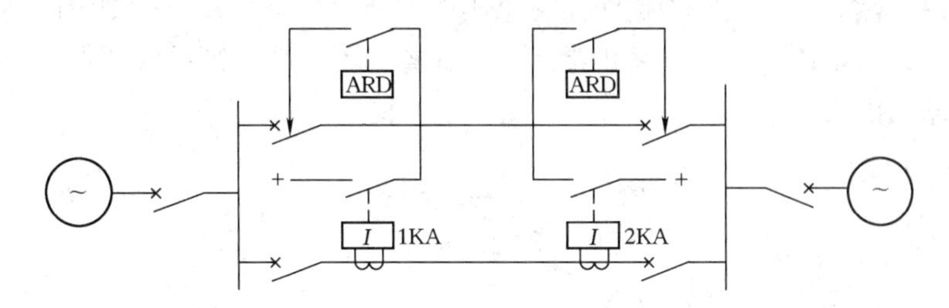

图 2-5　双回线路中检定另一回线路有电流的重合闸示意图

显然，一回线路跳闸断开后，另一回线路通过最小负荷电流时，电流继电器 1KA 或 2KA 应有足够的灵敏度，其动作电流可按仅一回线路运行时，电流继电器的返回电流应大于另一回线路的电容电流来整定。

（2）解列自动重合闸。在双侧电源的单回线路上，当不能采用非同步重合闸时，有时可采用解列自动重合闸。其工作原理示意图如图 2-6。

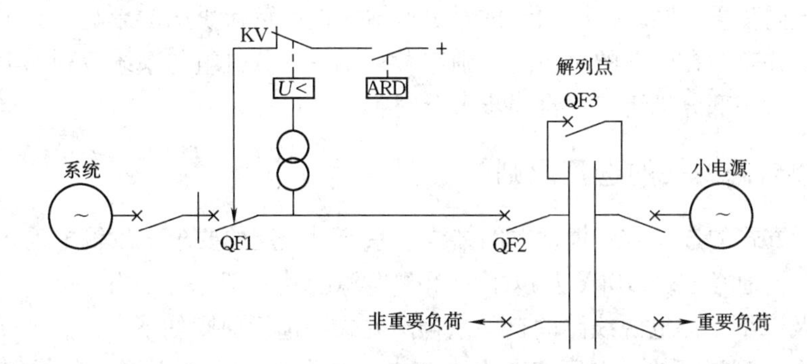

图 2-6　双电源单回线路上采用解列重合闸示意图

正常运行时，由系统向小电源侧输送功率。当线路发生故障时，系统侧保护动作，跳开断路器 QF1；小电源侧保护动作使解列点断路器 QF3 跳闸，而不跳线路断路器 QF2。

解列后，小电源的容量基本与所带重要负荷平衡，这样就保证对地区重要负荷的连续供电。断路器 QF1、QF3 断开后，系统侧检定线路无电压而重合，如重合成功，则由系统恢复对小电源的不重要负荷的供电，而后在解列点进行同步并列，恢复同步运行。如重合不成功，则系统侧保护再次动作跳闸，中断地区不重要负荷的供电。

（3）自同步重合闸。图 2－7 所示为水电站向系统送电的单回线路上采用自同步重合闸示意图。正常运行时，水电站向系统输送功率，如果线路发生故障，则系统侧线路断路器 QF1 跳闸，水电站侧线路断路器 QF3 不跳闸，而跳开发电机断路器 QF2 并进行灭磁。然后，系统侧检定线路无电压而重合，如重合成功，则水电站侧发电机以自同步方式与系统并列，恢复正常运行。如重合不成功，则系统侧保护再次动作跳闸，水电站则停机。

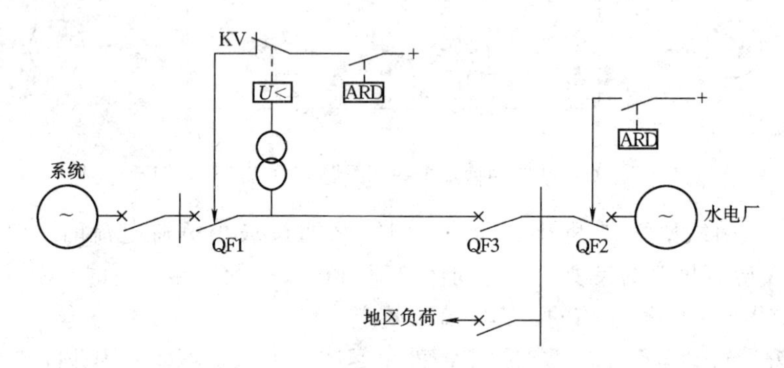

图 2－7 水电站采用自同步重合闸示意图

采用自同步重合闸时，必须考虑对水电站侧地区负荷供电的影响。如果水电站有地区负荷，并有两台以上的机组时，则应考虑使一部分机组与系统解列，继续向地区负荷供电，另一部分机组实行自同步重合闸。

2.4.5 重合闸方式的选用原则

重合闸方式的选择，应根据电网结构、系统对稳定的要求、发输电设备的承受能力因素等合理地考虑。110kV 及以下的单侧电源线路一般采用三相一次重合闸装置。对 110kV 及以下双侧电源线路的自动重合闸方式，选用原则如下：

（1）在并列运行的发电厂和电力系统之间具有四条及以上联系的线路或三条紧密联系的线路，可采用不检查同步的三相自动重合闸。

（2）在并列运行的发电厂或电力系统之间具有两条联系（同杆架设双回线除外）的线路或三条联系不紧密的线路，可采用下列重合闸方式：

1）当非同步重合闸的最大冲击电流超过允许值时，可采用无电压检定和同步检定的三相自动重合闸。

2）当非同步重合闸的最大冲击电流不超过允许值时，可采用不检查同步的三相自动重合闸。当出现单回线运行的情况时，可将重合闸停用。

3）没有其他联系的并列运行双回线，当不能采用非同步重合闸时，可采用检查

另一回线路有电流的自动重合闸。

（3）当符合下列条件且认为有必要时，可采用非同步重合闸。

1）非同步重合闸时，流过各元件的最大冲击电流不超过式（2－6）～式（2－10）规定值。

2）在非同步重合闸所产生的振荡过程中，对重要负荷的影响较小，或者可以采取措施减小其影响（如尽量使电动机在电压恢复后自起动，或在同步电动机上装设再同步装置等）时。

3）重合后，电力系统可以迅速恢复同步运行时。

（4）双侧电源的单回线路，可采用下列重合闸方式：可采用解列重合闸；当水电厂条件许可时，可采用自同步重合闸；为避免非同步重合及两侧电源均重合于故障上，可采用一侧无电压检定，另一侧采用同步检定的重合闸。

（5）220kV 线路采用各种方式的三相自动重合闸不能满足系统稳定和运行要求时，采用综合重合闸装置。330～500kV 线路，一般情况下应装综合重合闸装置。

（6）在带有分支的线路上使用单相重合闸时，分支线侧是否采用单相重合闸，应根据有无分支电源以及电源大小和负荷大小确定。当分支无电源，且分支变压器中性点接地时，用零序电流起动低电压选相的单相重合闸，且重合后不跳闸；当分支无电源，且分支变压器中性点不接地，负荷较大时，用零序电压起动低电压选相的单相重合闸，负荷小时不装重合闸装置；当分支处只有不大的电源时，解列后按无穷大电源处理；当分支处有较大电源时，分支处装单相重合闸。

2.5　自动重合闸与继电保护的配合

在电力系统中，自动重合闸与继电保护配合，可以加快切除故障、提高供电的可靠性，在某些情况下可简化继电保护，对保证系统安全可靠运行有着重要作用。

目前，自动重合闸与继电保护配合的方式有重合闸前加速保护和重合闸后加速保护两种。

2.5.1　重合闸前加速保护

重合闸前加速保护是指当线路上发生故障时，靠近电源侧的保护首先无选择性地瞬时动作跳闸，而后借助自动重合闸来纠正这种无选择性动作。

图2－8 所示的单电源辐射形电网，线路 AB、BC、CD 装设了按时限阶梯原则整定的过电流保护 2、4、5，条件是 $t_2>t_4>t_5$。同时，线路 AB 靠电源侧还装有自动重合闸装置 3、无选择性电流速断保护 1。当线路 AB、BC 或 CD 上发生故障时，线

路AB上的无选择性电流速断保护1瞬时将QF1断开，而后ARD装置将QF1合上。如故障为瞬时性，则重合成功，恢复供电；如故障为永久性，则将QF1上的电流速断保护1退出工作，由过电流保护有选择性地将故障切除。

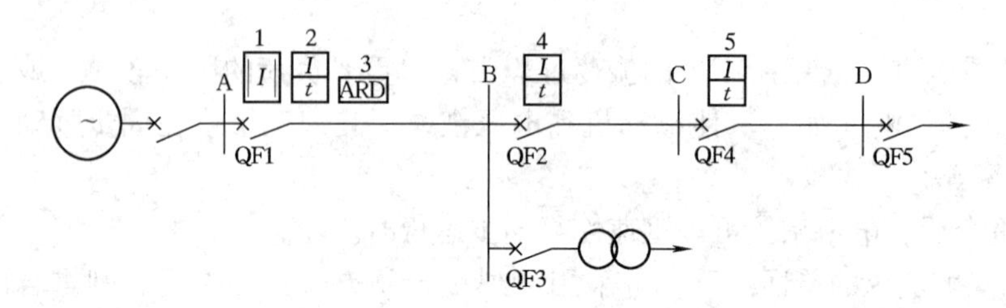

图2－8　重合闸前加速保护动作原理说明图

采用前加速保护的优点是：

（1）快速地切除瞬时性故障。

（2）使瞬时性故障不至于发展成永久性故障，从而提高重合闸的成功率。

（3）使用设备少，只需装设一套重合闸装置，简单、经济。

采用前加速保护的缺点是：

（1）断路器QF1的工作条件恶劣，动作次数增多，如果重合闸装置或断路器QF1拒绝合闸，则将扩大停电范围。

（2）对于永久性故障，故障切除时间可能较长。

前加速保护主要用于35kV以下的发电厂或变电所引出的直配线上，以便快速切除故障。

2.5.2　重合闸后加速保护

重合闸后加速保护是指当线路上发生故障时，保护首先有选择性地动作跳闸，后重合闸动作合上断路器。若重合于永久性故障，则加速保护动作，瞬时切除故障。

要实现重合闸后加速保护，则需在每条线路上装设有选择性的保护和ARD装置，如图2－9所示。

图2－10所示重合闸后加速保护的原理接线图。图中1KM为手动合闸继电器，2KM是后加速继电器。当线路发生故障时，因重合闸还未动作，后加速继电器2KM线圈失电。这时，相应的保护使1KT延时触点闭合，起动出口继电器KOU，使相应的断路器跳闸，这样就保证了有选择性切除故障。断路器跳闸后，起动重合闸，其触点RAD闭合。起动后加速时间继电器KT，并通过KT4自保持，KT3闭合，使后加速继电器2KM动作。若重合于永久性故障，则通过KA（零序电流保护或距离保护

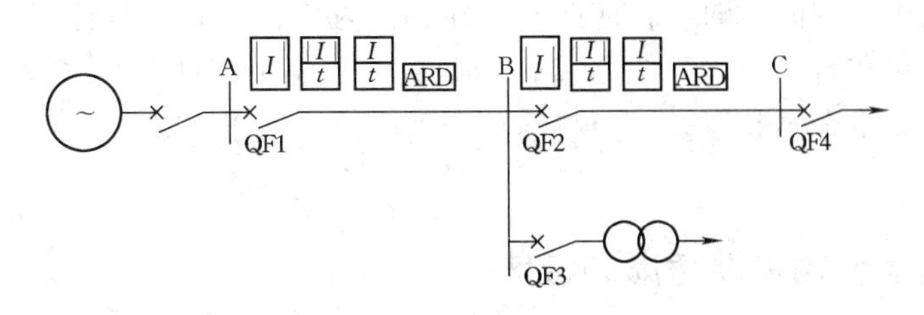

图 2-9 重合闸后加速保护动作原理说明图

触头）和 2KM 触点瞬时起动出口继电器 KOU 切除故障，实现了重合闸后加速保护的要求。然后由 KT2 闭合短接 KT，使 2KM 返回。

后加速保护的优点是：

（1）第一次有选择性地切除故障，不会扩大停电范围。

（2）重合于永久性故障，仍能快速、有选择性地将故障切除。

（3）和前加速保护相比，使用中不受网络结构和负荷条件的限制。

后加速保护的缺点是：

（1）每条线路上都需装设一套重合闸，与前加速保护相比较为复杂。

（2）第一次切除故障可能带有延时。

在 35kV 以上的网络中，通常都装有性能较好的保护（如距离保护等），第一次有选择性的跳闸时限不会很长（瞬时或带一个 Δt 延时），所以后加速保护在 35kV 以上电网中被广泛采用。

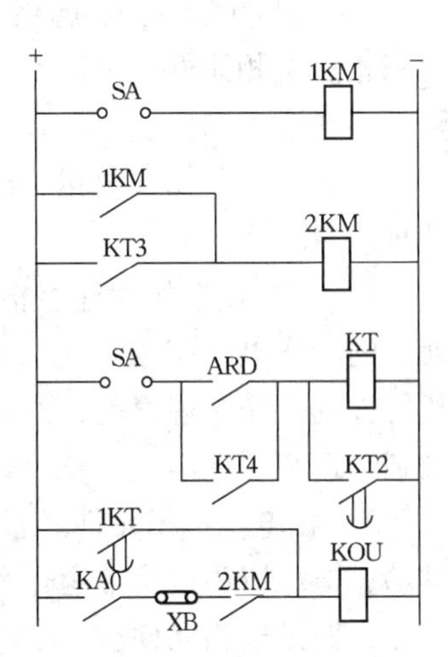

图 2-10 重合闸后加速保护原理接线图

2.6 综合重合闸与新技术简介

根据运行经验，在 110kV 以上的大接地电流系统的高压架空线上，有 70% 以上的短路故障是单相接地短路。特别是 220～500kV 的架空线路，由于线间距离大，单相故障可高达 90%。因此，如果线路上装有可分相操作的三个单相断路器，当发生单相接地短路时，只断开故障相断路器，而未发生故障的两相继续运行，这样，可以提高供电的连续性和可靠性以及系统并列运行的稳定性。采用这种重合闸方式，当线路发生相间故障时，仍应跳开三相，而且应根据系统具体情况，或进行三相重合，或不再重合。在设计线路重合闸装置时，将上述两种方式综合起来考虑，就构成综合自动重合闸装置。综合自动重合闸广泛应用于220kV 及以上的大接地电流系统中。

2.6.1 综合重合闸需要考虑的特殊

综合重合闸与一般的三相自动重合闸相比，只是增加了一个单相重合闸性能。因此，综合重合闸需要考虑的特殊问题是由单相重合闸方式引起的，主要有以下几个方面。

（1）选相元件。对选相元件的基本要求是：单相接地时，选相元件应可靠选出故障相；选相元件的灵敏度和速动性应比保护的好；选相元件一般不要求区分内外故障，不要求方向性。

根据发生单相、两相、两相接地短路的各种特点构成的选相元件，可分为以下几种。

1）相电流选相元件。根据故障相出现短路电流的特点可构成相电流选相元件，元件的动作电流应按躲过线路最大负荷电流和单相接地时的非故障相电流整定。该选相元件的工作原理简单，但短路电流小时不能采用。一般作为阻抗选相元件消除死区的辅助选相元件。

2）相电压选相元件。根据故障相出现电压下降的特点可构成相电压选相元件，其动作电压应躲过正常运行和单相接地时非故障相可能出现的最低电压整定。通常也只作为辅助选相元件。

3）阻抗选相元件。阻抗选相元件采用带零序电流补偿 $\dot{U}_{\phi}/(\dot{I}_{\phi}+K3\dot{I}_{0})$ 接线的阻抗继电器，能正确反映单相接地短路的情况，所以可在每相装设一个这种接线方式的阻抗继电器作为选相元件。阻抗继电器的测量阻抗与短路点到保护安装处之间的正序阻抗成正比，能正确反映故障点的距离。因而，阻抗选相元件较以上两种选相元件更灵敏、更有选择性，在电力系统中得到广泛应用。

4）相电流差突变量选相元件。相电流差突变量是指短路前后相电流差的突变量，若用符号 d 表示突变量时，如 A、B 两相电流差突变量可表示为 $d\dot{I}_{AB}=d(\dot{I}_{A}-\dot{I}_{B})$。这种选相元件是利用短路时电气量发生突变这一特点构成的。在我国电力系统中，最初用它作为非全相运行的振荡闭锁元件。近年来，在超高压网络中已被推荐作为综合重合闸装置的选相元件，微机型成套线路保护装置中均采用具有此类原理的选相元件。这种选相元件要求在线路的三相上各装设一个反映电流突变量的电流继电器，三

个电流继电器所反映的增量电流分别为

$$\begin{aligned} d\dot{I}_{BC} &= d(\dot{I}_B - \dot{I}_C) \\ d\dot{I}_{CA} &= d(\dot{I}_C - \dot{I}_A) \\ d\dot{I}_{AB} &= d(\dot{I}_A - \dot{I}_B) \end{aligned} \tag{2-17}$$

当发生单相接地短路时，只有两非故障相电流之差不突变，该选相相元件不动作，而在其他短路故障下，三个选相元件都动作，其动作情况如表2－2。

表2－2　　各种类型故障下相电流差突变量选相元件的动作情况

选相元件	故障类型							备注
	$K^{(1)}$			$K^{(2)}$　$K^{(2,0)}$			$K^{(3)}$	
	$K_A^{(1)}$	$K_B^{(1)}$	$K_C^{(1)}$	K_{AB}	K_{BC}	K_{CA}		
$d\dot{I}_{AB}$	－	+	+	+	+	+	+	“+”表示动作 “－”表示不动作
$d\dot{I}_{BC}$	+	－	+	+	+	+	+	
$d\dot{I}_{CA}$	+	+	－	+	+	+	+	

因此，当三个选相元件都动作时，表明发生了多相故障，其动作后跳开三相断路器；两个选相元件都动作时，表明发生了单相接地短路。采用图2－11所示的逻辑框图，即可选出故障相。

（2）需要设置故障判别元件。当采用阻抗选相元件时，如果线路发生两相相间短路，选相元件可能不正确动作，而此时系统又不存在零序分量。因此，当保护动作而系统又无零序分量时应实现三相跳闸。所以需装设判断是接地故障还是相间故障的故障判别元件。

故障判别元件，一般采用零序电流继电器或零序电压继电器。当发生相间短路时，零序继电器不动作，保护动作直接跳三相断路器；当发生接地短路时，零序继电器动作，保护经选相元件判断是单相接地还是两相接地后，再决定跳单相还是三相断路器。故障判别元件与继电保护、故障选相元件配合的逻辑回路如图2－12所示。

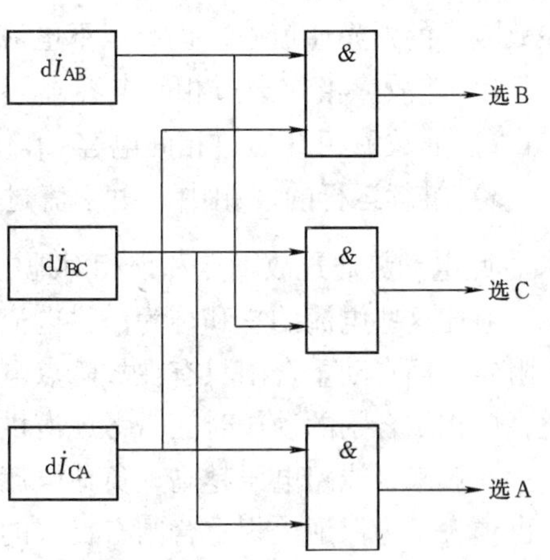

图2－11　选相元件逻辑框图

图中KZ1、KZ2、KZ3为三个反映A、B、C单相接地短路的阻抗选相元件，KAZ

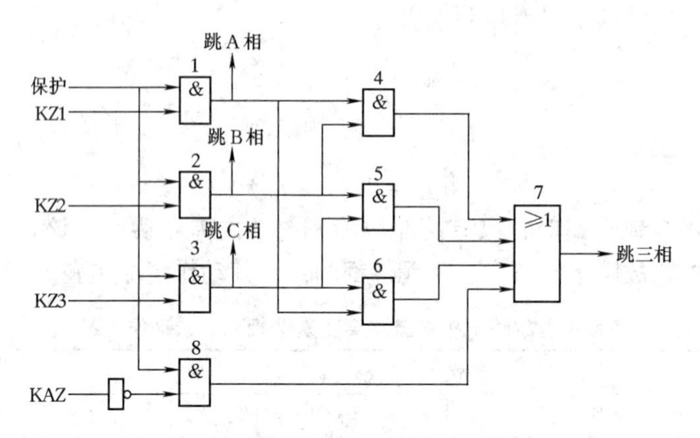

图 2-12 保护、选相元件与判别元件配合的逻辑回路

为判别是否发生接地短路的零序电流元件（即判别元件）。假定动作为“1”，不动作为“0”，当线路发生相间短路时，没有零序电流，KAZ 不动作，保护通过与门 8 跳三相断路器。当线路发生接地短路时，故障相上有零序电流，KAZ 动作，闭锁与门 8，不能直接跳三相断路器。如果是单相接地短路，则仅一个选相元件动作，与门 1 ~与门 3 中之一开放，跳单相；如果两个选相元件动作，则说明发生了两相接地短路，与门 4 ~与门 6 中之一开放，保护将跳三相断路器。

（3）需考虑潜供电流的影响。当发生单相接地故障时，线路故障相自两侧断开后，断开相与非故障相之间还存在电和磁（通过相间电容与相间互感）的联系，及故障相与大地之间仍有对地电容，如图 2-13 所示。这时虽然短路电流已被切断，但在故障点的弧光通道中，仍有以下电流：

1）非故障相 A 通过相间电容 C_{AC} 供给的电流。

2）非故障相 B 通过相间电容 C_{BC} 供给的电流。

3）继续运行的两相中，由于流过负荷电流会在断开的 C 相中产生互感电动势 $\dot{E}_{M}$，此电动势通过故障点和该相对地电容 C_0 而产生电流。

上述这些电流的总和称为潜供电流。潜供电流使故障点弧光通道的去游离受到严重阻碍，而自动重合闸只有在故障点电弧熄灭且绝缘强度恢复以后才有可能成功。因此，单相重合闸的动作时间需考虑潜供电流的影响。潜供电流的大小与线路的参数有关。一般来说线路电压越高，负荷电流越大，则潜供电流越大，单相重合闸受到的影响也越大。为保证单相重合闸有良好的效果，正确选择单相重合闸的动作时间是很重要的。单相重合闸的动作时间，国内外的许多电力系统都是由实测试验确定的，一般都应比三相重合闸的时间长。

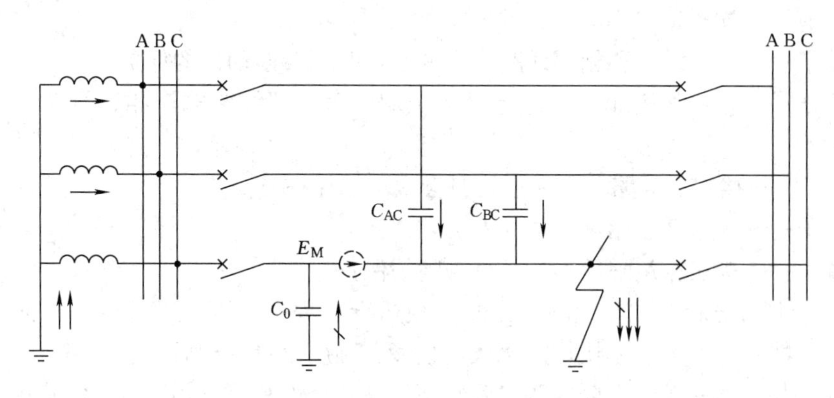

图 2-13 C 相单相接地时潜供电流的示意图

(4) 需考虑非全相运行对继电保护及其他方面的影响。采用综合重合闸以后，当发生单相接地短路时只断开故障相，在单相重合闸过程中，系统出现了三相不对称的非全相运行状态，将产生负序和零序分量的电流和电压，这就可能引起本线路保护以及系统中的其他保护误动作。对于可能误动作的保护，应在单相重合闸过程中予以闭锁，或整定保护的动作时间大于单相重合闸的动作时间。

根据系统运行的需要，在单相重合闸不成功后，线路需转入长期非全相运行时，长期出现序分量将对电力系统中的设备、继电保护的影响和对通信设施的干扰，必须作相应的考虑，以消除这些影响所带来的不良后果。

2.6.2 综合重合闸构成的原则及要求

综合重合闸构成除满足一般三相自动重合闸的原则要求外，还需满足以下的原则要求。

(1) 重合闸的运行方式。为使综合重合闸装置具有多种性能，并且使用灵活方便，装置通过人工切换应能实现综合自动重合闸、单相自动重合闸、三相自动重合闸和停用重合闸四种运行方式。

(2) 重合闸的起动方式。综合重合闸采用断路器与控制开关位置的不对应起动方式，有利于纠正断路器误跳闸。但考虑到在单相重合闸过程中对某些保护实现闭锁，以及对故障相实现分相固定，也采用保护起动方式。因此，在综合重合闸中同时采用这两种起动方式。

(3) 应有适于不同保护要求的有关端子。在装设综合重合闸的线路上，保护动作后一般都经综合重合闸才能使断路器跳闸（除有选相能力的保护外）。考虑到本线路和相邻线路非全相运行时保护的性能以及为适应保护要求进行三相重合闸，所以综合重合闸设有下列端子适于不同保护的要求。

N端子——接本线路和相邻线路非全相运行时不会误动作的保护。

M端子——接本线路非全相运行时会误动，而相邻线路非全相运行时不会误动作的保护。

P端子——接相邻线路非全相运行时会误动的保护。

Q端子——接起动三相重合闸的保护。

R端子——接三相跳闸后不进行重合闸的保护。

（4）应具有分相后加速回路。在非全相运行过程中，因一部分保护被闭锁，有的保护的性能变差，为能尽快切除永久性故障，则应设置分相后加速回路。

实现分相后加速，最主要的要正确判断线路是否恢复了全相运行。实践证明：采用分相固定的方式，只对故障相用整定值躲开空载线路电容电流的相电流元件，区别有无故障和是否恢复全相运行的方法是有效的。另外，分相后加速应有适当的延时，以躲过由非全相转入全相运行时的暂态过程，并保证非全相运行中误动的保护来得及返回，也有利于躲开三相重合闸时，断路器三相不同时合闸时暂态电流的影响。

（5）应具有分相跳闸回路和三相跳闸回路，并互为备用。在综合重合闸中，应设分相跳闸回路（经选相元件控制）和三相跳闸回路，为保证跳闸可靠，这两种跳闸出口回路应互为备用。当发生单相接地短路时，由分相跳闸出口回路切除故障相断路器；当发生相间短路时，在起动三相跳闸出口的同时，应起动分相跳闸回路。

（6）应适应断路器动作性能的要求。除与三相重合闸的要求相同外，当非全相运行中健全相又发生故障时，为保证断路器的安全，重合闸的动作时间应从第二次切除故障开始重新计时。

（7）综合重合闸装置应能正确动作的情况如下：

1）选相元件拒动。单相接地短路时，如果选相元件拒动，不能切除故障相，要求应跳三相断路器，并随之进行三相重合。若重合不成功，应再跳三相。

2）一相跳闸后单相重合闸拒动。对于不允许长期两相运行的系统，在线路单相接地短路，故障相被切除后，若单相重合闸拒动，则应切除其余两相。

3）两相先后接地短路。线路单相接地短路时，在单相重合之前，另一相又发生接地短路，应跳三相，然后重合三相。

2.6.3 综合重合闸的跳闸回路框图及其工作情况

综合自动重合闸的电路是相当复杂的。为了简单地说明其构成，现将它分为跳闸回路和重合闸回路两部分，跳闸回路的简化框图如图2-14所示。

图中KZ1～KZ3为阻抗选相元件，KA1～KA3为辅助选相元件，KVZ为故障判

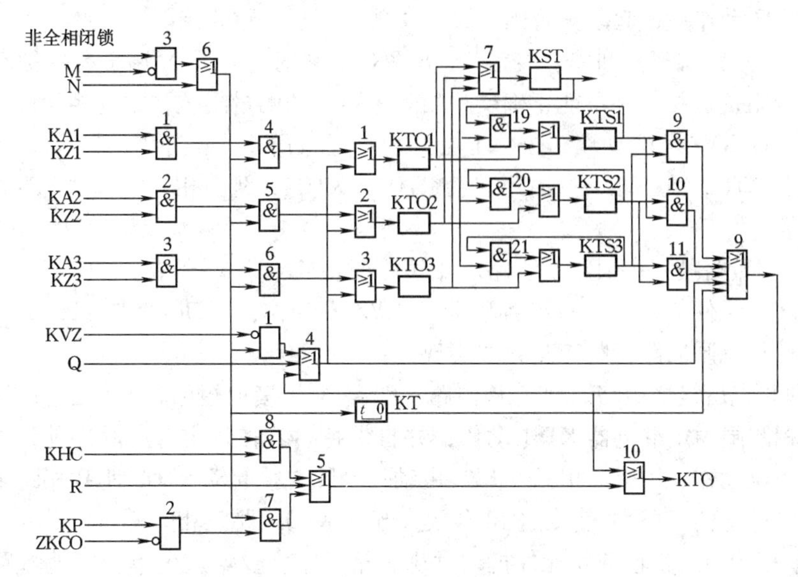

图 2-14 综合重合闸的跳闸回路框图

别元件，KTO1～KTO3 为分相跳闸继电器，KTO 为三相跳闸继电器，KTS1～KTS3 为分相跳闸固定继电器，KST 为重合闸起动继电器，KT 为后备时间继电器，M、N、Q、R 为保护引入端子。

(1) 分相跳闸回路。分相跳闸回路由 KTO1～KTO3、KZ1～KZ3、KA1～KA3 组成。当线路发生 A 相接地短路时，保护动作，M 或 N 端子有保护动作信号输入。同时，A 相选相阻抗元件 KZ1、辅助选相元件 KA1 动作，KZ2～KZ3 不动作，于是与门 1、与门 4 开放，经或门 1 起动分相跳闸继电器 KTO1，使 A 相断路器跳闸。与此同时，经或门 7、或门 8 起动重合闸起动继电器 KST，再经否门 5，ZKT2 延时、与门 16 起动合闸继电器，进行一次重合（见合闸回路框图）。对于 B、C 相的单相接地短路，工作过程与此相似。

(2) 三相跳闸回路。三相跳闸回路包括分相跳闸回路、故障判别元件、三相跳闸回路以及三相跳闸的后备时间元件等部分。

1) 两相接地短路跳三相回路。线路 A、B 两相接地短路时，保护动作，阻抗选相元件 KZ1、KZ2 动作，或辅助选相元件 KA1、KA2 同时动作，与门 1、与门 2 动作；M 或 N 端子也有保护动作信号输入，与门 4、与门 5 动作。于是相应的分相跳闸继电器 KTO1、KTO2 起动，经分相跳闸固定继电器 KTS1、KTS2 使与门 10 动作，再经或门 9、或门 10，起动三相跳闸继电器 KTO，跳三相。与此同时，或门 9 的输出信号经或门 4 也使分相跳闸继电器 KTO1～KTO3 分相跳闸，保证三相可靠跳闸。

KTO1～KTO3动作后，起动重合闸回路，实现三相一次重合闸。

2）两相短路跳三相回路。线路A、B两相短路时，M或N端子有保护动作信号输入。但因阻抗选相元件不能正确反映相间短路时的测量阻抗，故选相元件可能不动作。此时，因KVZ不会动作，否门1会开放，经或门4、或门9、或门10起动三相跳闸继电器KTO，跳三相；同时还起动KTO1～KTO3，跳三相，并起动KST，实现三相一次重合。

3）三相短路跳三相回路。线路三相短路时，M或N端子有保护动作信号输入，三个阻抗选相元件会动作，故障判别元件KVZ不动作，起动KTO1～KTO3和KTO，构成双重三相跳闸回路，跳三相，并实现三相一次重合。

4）两相先后接地短路时跳三相回路。线路A相接地短路，A相断路器跳闸后，KST和分相跳闸固定继电器KTS1动作，并自保持。若在发出合闸脉冲前，B相又接地，保护再次动作，B相选相元件KZ2也动作。除直接起动KTO2使B相跳闸外，还将起动固定继电器KTS2，使或门10开放，起动KTO，跳三相。

5）单相接地短路且选相元件拒动时跳三相回路。线路发生单相接地短路时，若选相元件拒动，则由M或N端子引入的保护动作信号，起动后备时间继电器KT，经0.2s延时后经或门9、或门10起动KTO，跳三相断路器，同时，KTO1～KTO3起动，接通分相跳闸回路，并起动KST，实现三相一次重合。

后备时间继电器KT延时0.2s是为了保证断路器有足够的分相跳闸时间。即在0.2s内，保护动作信号应经分相跳闸回路使断路器分相跳闸；若0.2s内未跳单相断路器，则认为选相元件拒动，由后备跳闸回路跳三相。

6）手动合闸于故障线路时跳三相回路。手动合闸时，手动合闸继电器KHC动作。若合闸于故障线路，则M、N端有保护动作信号，与门8开放，经或门5、或门10起动KTO，跳三相断路器，不再重合。

7）断路器的气压或液压下降至不允许重合的压力。当气压或液压下降发生在重合闸起动之前时，低压力继电器KP动作，否门2开放，此时保护已动作，与门7开放，起动KTO，跳三相。同时由低压力继电器闭锁一次合闸脉冲元件（见合闸回路），使断路器不能重合。

若气压或液压下降发生在重合闸起动之后，一次合闸脉冲元件不会被闭锁，则由低压力继电器起动的三相跳闸回路将被闭锁（否门2无输出），所以不会影响断路器的跳闸方式，跳闸后仍能重合一次。

2.6.4 综合重合闸的合闸回路框图及其工作情况

综合重合闸的重合闸回路框图如图2-15所示。重合闸回路由重合闸起动继电器

KST、重合闸后加速继电器 KAC、分相后加速继电器 FKAC、重合闸延时继电器 ZKT、重合闸出口继电器 ZKCO 和分相固定继电器 KTS1 ~ KTS3 等组成。

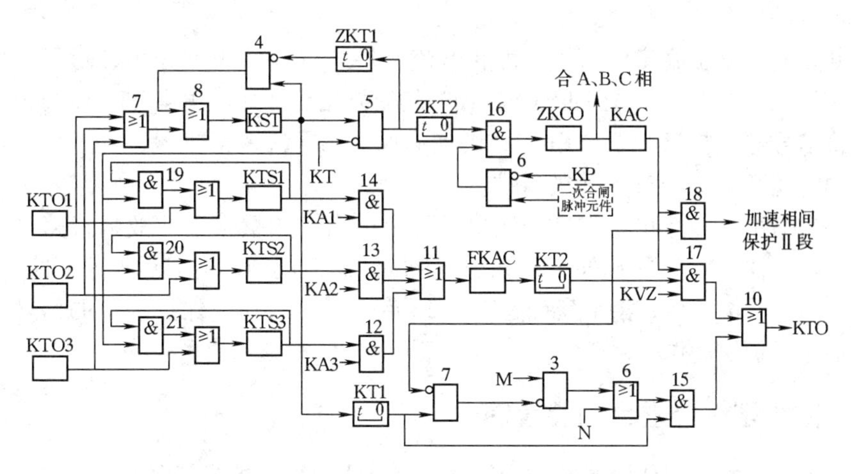

图 2－15　综合重合闸的重合闸回路框图

图中 KT 为后备时间元件，KT1 为延时 0.3s 的延时元件，KT2 为延时 0.1s 的延时元件，ZKT2 为重合闸的动作时间元件，ZKT1 为重合闸复归时间元件。

当接于 M、N、Q 端子的保护动作后，分相跳闸继电器 KTO1 ~ KTO3 起动，使相应故障相断路器第一次跳闸，经或门 7、或门 8 起动重合闸起动继电器 KST 和分相固定继电器 KTS1 ~ KTS3，KST 通过否门 4、或门 8 自保持。KST 起动后有以下作用：

（1）经否门 4、或门 8 接通本身的自保持回路，使 KST 在整组复归时才能返回。

（2）起动重合闸复归时间继电器和重合闸起动时间继电器。

（3）经 KT1 延时 0.3s 后，输出信号闭锁非全相运行时会误动的保护，即闭锁接 M 端子的保护。KST 起动后，延时 0.3s 闭锁 M 端保护，这是为了保证 M 端子的保护不致在断路器第一次跳闸之前就退出工作。

重合闸时间继电器采用控制开关与断路器的位置不对应的原则来起动，也可采用保护起动的方式。当线路发生故障时，由相应的跳闸继电器 KTO1 ~ KTO3 切除故障的同时，起动 KST，此时 KT 无信号输出，否门 5 开放，起动重合闸动作时间继电器 ZKT2，按预定的重合闸整定时间延时，输出信号至与门 16，同时也起动重合闸复归时间继电器 ZKT1，延时 8s，使整组重合闸复归。

综合重合闸装置中的一次合闸脉冲元件与三相一次自动重合闸相同。正常运行时，一次合闸脉冲元件处于准备动作状态，否门 6 开放。当 ZKT2 有信号送至与门

16 时，与门 16 开放，使重合闸出口继电器 ZKCO 起动，去重合相应的断路器，并起动后加速继电器 KAC，将信号送至与门 18、与门 17，为重合于永久性故障时加速保护动作提供条件。

当断路器重合于故障线路时，由相电流元件 KA1 ~ KA3 和分相跳闸固定继电器 KTS1 ~ KTS3 经与门 12 ~ 与门 14、或门 11 起动分相后加速继电器 FKAC，经 0.1s 延时后，将信号送至与门 18、与门 17，去加速保护第Ⅱ段或第Ⅲ段，并开放三相跳闸回路，同时还开放接于 M 端子的保护。

FKAC 延时 0.1s 才将动作信号送出，是考虑当三相重合于非故障线路时，可能由于三相断路器的主触头不同时闭合，会使 KVZ 瞬时起动，造成后加速回路误动作。因此检查线路有电流后，由 FKAC 延时 0.1s 后再送出后加速保护动作的信号，就可避免后加速保护误动作。

2.6.5　微机型综合重合闸装置简介

微机型综合重合闸装置通常作为线路成套微机保护的组成部分之一，与各种线路保护配合可完成各种事故处理。微机综合重合闸装置采用了通用的硬件构成，只要改变程序就可得到不同的原理和特性，所以可灵活适应电力系统情况的变化。现以 WXH—25（S）型微机线路保护装置为例进行简要说明。

保护装置采用了多单片机并行工作方式的硬件结构，配置了四个硬件完全相同的保护 CPU 插件，分别完成高频方向保护、距离保护、零序电流保护以及重合闸等功能。另外，配置了一块接口插件，完成对各保护 CPU 插件巡检、人机对话和与系统连机等功能。装置的硬件框图如图 2－16 所示。

综合重合闸模块包括重合闸和外部保护选相跳闸两部分，经光电隔离可实现综合重合闸、单相重合闸、三相重合闸或停用重合闸方式的选择。外部保护选相跳闸设有 N、M、P 三种端子。

为防止重合闸多次动作，按照常规的一次合闸脉冲原理，在程序中设有一个充电计数器，当装置接通直流电源 15s 后，该计数器计满数，才允许发出重合闸脉冲。在发出合闸命令后将该计数器清零，从而防止再次重合于永久性故障。

重合闸采用断路器与控制开关位置不对应起动方式及保护起动方式。装置的“三跳起动重合”及“单跳起动重合”两个开入端子用于能独立选相的外部保护起动本装置重合闸。一个用于母线差动保护，另一个用于开关气压的触点。前者在任何情况下都将充电计数器清零，使重合闸不动作，后者只在保护起动前开关气压降低时才闭锁重合闸。

三相重合闸可由非同步、无压检定和同步检定三种方式实现。其中检定同步按控

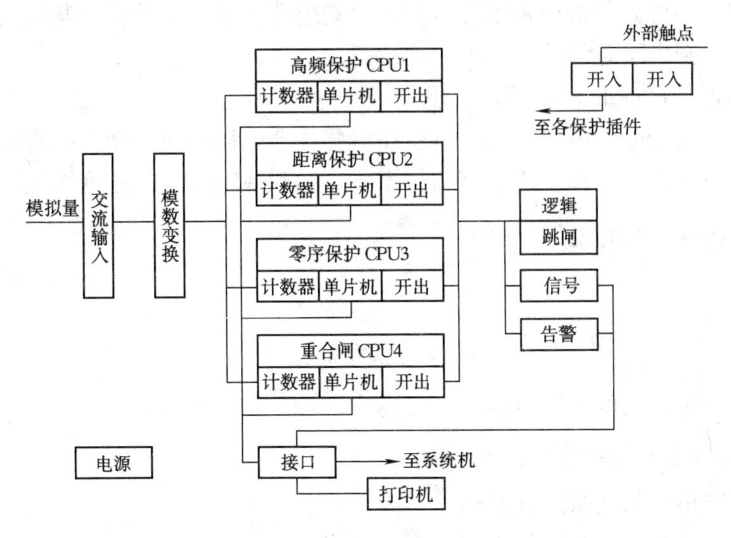

图 2－16 WXH—25（S）型装置的硬件框图

制字中指定相别进行，在判别线路有电压且连续两周非同步后，闭锁重合闸。检定无电压在判别三相都无电压且无电流后允许重合闸。非同步只适用于保护起动重合闸。

设有单相永久性故障判别回路，在判出单相永久故障时，不发出重合闸命令，转发三相跳闸及永跳。实现该功能的基本原理是：瞬时性故障条件下断开相上的电压由电容耦合电压和电感耦合电压组成；在永久性故障条件下电容耦合电压等于零或较小，断开相上的电压只有电感耦合电压。

重合闸中设有长短两个延时，在高频保护投入时用短延时，否则用长延时。

2.6.6 自适应自动重合闸

自动重合闸技术作为保证系统安全供电和稳定运行的重要措施之一，采用自动重合闸能使线路在瞬时性故障消除后重新投入运行，纠正断路器的误跳闸，从而在短时间内恢复整个系统的正常运行，以保证系统的安全供电。但是如果重合于永久性故障，对系统稳定和电气设备所造成的危害将超过正常状态下发生短路时对系统的危害。

为了防止重合于永久性故障给系统带来的危害，应从根本上解决盲目重合闸的问题。

1. 自适应单相自动重合闸

由于线路故障有 70% ~80% 以上为单相接地故障，在这种情况下跳开故障相并进行单相自动重合是保证电力系统安全稳定运行的重要有效措施之一。为防止自动重合于永久故障，可先分析一相断开后线路两端电压的特征，并在此基础上提出在单相重合闸过程中判别瞬时性故障和永久性故障的方法。

（1）瞬时故障时断开相两端的电压。如果为瞬时性故障，当线路故障相两端断开后，断开相两端电压由电容耦合电压和电感耦合电压组成。断开相线路两端的电容耦合电压由线路的单位长度正序容纳与零序容纳和并联补偿的程度而定，与线路长度无关。断开相线路互感电压 $\dot{U}_{xL}$ 为

$$\dot{U}_{xL} = \dot{U}_{x} l \tag{2-18}$$

$$\dot{U}_{x} = 3\dot{I}_{0} Z_{m} \approx \dot{I}_{0}(Z_{0} - Z_{1}) \tag{2-19}$$

式中 $\dot{U}_{x}$——单位长度互感电压；

$\dot{I}_{0}$——两相运行时的零序电流；

Z_{m}——单位长度线路的互感；

Z_{0}、Z_{1}——单位长度线路的零序、正序阻抗。

当线路发生单相永久接地时，线路断开相两端的电压由接地位置、健全相负荷电流与过渡电阻决定。若为金属性接地短路时断开相两端的电压由互感电压和接地点位置决定，与接地点到断开点的距离成正比。若为过渡电阻接地短路时，断开相两端电压中电容耦合分量不为零，互感电压的幅值和相位也随过渡电阻而变化。

（2）瞬时性故障与永久性故障的判别方法有以下几种：

1）电压判据。电压判据是根据建立在测定单相自动重合闸过程中，断开相两端电压的大小来区分瞬时性故障和永久性故障。为了判别瞬时性和永久性故障，应保证在永久性故障时不重合，考虑最严重条件，电压继电器的整定值应按下式决定

$$U_{op} = K_{rel} U_{xL} \tag{2-20}$$

式中 K_{rel}——可靠系数，取1.1~1.2；

U_{xL}——最大负载条件下两相运行时的感应电压。

当测量的电压大于或等于 U_{op} 时，判定为瞬时性故障，允许自动重合闸动作。

2）补偿电压判据。对于重负荷长距离的高压输电线路，在断开相的两端将会出现永久性故障时的电压大于瞬时性故障电压的情况。为了能正确区分永久性故障和瞬时性故障，可采用补偿电压的方法。

当电流方向规定是由母线流向线路为正方向时，判别为瞬时性故障允许自动重合闸的条件，即补偿电压判据可表示为

$$\left|\dot{U} - \frac{1}{2}\dot{U}_{xL}\right| \geqslant \left|\frac{K_{rel}\dot{U}_{xL}}{2}\right| \tag{2-21}$$

式中 $\dot{U}$——断开相的测量电压。

3）组合电压补偿判据。在带并联电抗器和中性点电抗器的高压长距离线路上，瞬时性故障切除后，断开相线路两端的电压可能很低，为此提出的组合电压补偿判据为

$$\left|\dot{U}-\frac{\dot{U}_{xL}}{4}\right| \geqslant \left|\frac{K_{rel}\dot{U}_{xL}}{4}\right| \tag{2-22}$$

$$\left|\dot{U}-\frac{3\dot{U}_{xL}}{4}\right| \geqslant \left|\frac{K_{rel}\dot{U}_{xL}}{4}\right| \tag{2-23}$$

当以上二式同时满足时，判定为瞬时性故障，允许进行单相重合闸。

2. 自适应三相自动重合闸

根据对带并联电抗器的输电线路在各种情况下开断三相后暂态过程的分析，对三相跳闸后线路上自由振荡电压有以下特点：

（1）无故障时开断三相空载长线路。线路自振电压的最大幅值一般接近或大于正常运行时的相电压，自振频率在 30～40Hz 之间，正序衰减时间常数 T 一般大于 1s，零序衰减时间常数一般大于 0.5s。

（2）不对称接地情况下三相跳闸。当永久性故障时，故障相自振电压为零。当瞬时性故障时，故障相有一定幅值的自振电压。

（3）不接地短路情况下三相跳闸。当永久性故障时，各故障相自振电压的幅值和相位相同。当瞬时性故障时，短路点熄弧后各故障相自振电压不相同。

（4）三相接地情况下三相跳闸。当永久性故障时，三相自振电压为零。当瞬时性故障时，短路点熄弧后线路上自振电压不为零。

根据上述各种短路情况下三相跳闸后线路自振电压的特点，提出利用三相跳闸后线路自由振荡电压作为永久性故障和瞬时性故障的判据。判据可以描述为：

（1）接地短路。当永久性故障时，故障相自振电压为零。当瞬时性故障时，故障相有一定幅值的自振电压。

（2）不接地短路。当永久性故障时，各故障相自振电压相等。当瞬时性故障时，各故障相自振电压不相等。

在使用上述判据进行判别时，为防止误判断，应注意：线路自振电压为拍频形式；在三相接地跳闸情况下，当短路点熄弧后有可能出现某一相自振电压很低的情况。

3. 自适应分相重合闸

我国在 6～110kV 的线路上广泛采用三相操作的断路器和三相自动重合闸，在

220～500kV 的线路上照例采用分相操作的断路器和综合自动重合闸，在不带并联电抗器的线路上发生故障三相跳开后，线路上储存的电荷数量和极性由故障类型、位置和三相断开时刻决定，线路上的电压呈直流特性。在6～110kV 电网内，电压互感器接在母线上，在220～500kV 电网内，电压互感器虽然接在线路侧，但不具备传变直流电压的能力。因此，上述自适应单相和三相重合闸的应用遇到了困难，为防止重合于永久性故障必须另寻出路。

考虑到220～500kV 线路断路器具有分相操作的特点和微机保护有故障选相能力，对不带并联电抗器的上述线路可采用自适应分相重合闸以防止重合于永久性故障。

自适应分相重合闸的基本原理是当发生故障的线路三相断开后，根据故障选相的结果，先重合其中一相，在一相或两相线路重合带电后，即可利用与自适应单相重合闸相似的方法识别故障是否消失，如果是永久性故障的，则不再重合其他未合的相，并再次断开三相。反之，则重合发生故障的相，恢复线路正常运行。

自适应分相重合闸的原理已经过分析计算和仿真试验，证明了它的可行性和有效性。

2.7 重合器与分段器

运行资料表明，配电网95%的故障，在起始时是瞬时的，主要是由于雷电、风、雨、雪以及树或导线的摆动造成的。采用具有多次自动重合闸功能的线路设备，即可有选择地、有效地消除瞬时性故障，使其不致发展成永久性故障，又可切除永久性故障，故而能够极大地提高供电可靠性。

自动重合闸和自动分段器（简称重合器、分段器）就是比较完善的具有高可靠性的自动化设备。它不仅能可靠及时地消除瞬时故障，而且能将永久性故障引起的停断范围限制到最小。由于重合器、分段器适用于配电网的特点，动作可靠且免维护，因此在配电网网络中已得到广泛应用。

2.7.1 线路自动重合器的功能与特点

自动重合器是一种具有保护、检测、控制功能的自动化设备，具有不同时限的安秒曲线和多次重合闸功能，是集断路器、继电保护、操作机构为一体的机电一体化新型电器。它可自动检测通过重合器主回路的电流，当确认是故障电流后，持续一定时间按反时限保护自动开断故障电流，并根据要求多次自动地重合，向线路恢复供电。如果故障是瞬时性的，重合器重合后线路恢复正常供电；如果故障是永久性故障，重合器将完成预先整定的重合闸次数（通常为三次）后，确认线路故障为永久性故障，

则自动闭锁，不再对故障线路送电，直至人为排除故障后，重新将重合器合闸闭锁解除，恢复正常运行。

重合器的具体功能与特点：

（1）重合器在开断性能上具有开断短路电流、多次重合闸操作、保护性能操作的顺序、保护系统的复位功能。

（2）重合器的结构由灭弧室、操作机构、控制系统、合闸线圈等部分组成。

（3）重合器是本体控制设备，在保护控制特性方面，具有自身故障检测、判断电流性质、执行开合功能，并能恢复初始状态，记忆动作次数，完成合闸闭锁等操作顺序选择。用于线路上的重合器，无附加操作装置，其操作电源直接取自高压线路，用于变电站时，变电站有低压电源可作为其分合闸电源。

（4）重合器适用于户外柱上各种安装方式，既可在变电所内，也可在配电线路上。

（5）不同类型重合器的闭锁操作次数、分闸快慢动作特性、重合间隔等特性一般都不同，其典型的四次分断三次重合的操作顺序为：分$\xrightarrow{t_1}$合分$\xrightarrow{t_2}$合分$\xrightarrow{t_2}$合分，其中t_1、t_2可调，且随不同产品而异，它可以根据运行中的需要调整重合次数及重合闸间隔时间。

（6）重合器的相间故障开断都采用反时限特性，以便与熔断器的安秒特性相配合（但电子控制重合器的接地故障开断一般采用定时限）。重合器有快慢两种安—秒特性曲线。通常它的第一次开断都整定在快速曲线，使其在0.03～0.04s内即可切断额定短路开断电流，以后各次开断，可根据保护配合的需要，选择不同的安—秒曲线。

2.7.2 线路自动分段器的功能与特点

分段器是配电系统中用来隔离故障线路区段的自动保护装置，通常与自动重合器或断路器配合使用。分断器不能开断故障电流。当分段线路发生故障时，分段器的后备保护重合器或断路器动作，分段器的计数功能开始累计重合器的跳闸次数。当分段器达到预定的记录次数后，在后备装置跳开的瞬间自动跳闸分断故障线路段。重合器再次重合，恢复其他线路供电。若重合器跳闸次数未达到分段器预定的记录次数，就已经消除了故障，分段器的累计计数在经过一段时间后自动消失，恢复初始状态。

分段器按相数分为三相与单相式两种，按控制方式分为液压控制与电子控制。液压控制式的分段器采用液压控制计数，而电子控制式的分段器用电子控制计数。自动分段器的功能与特点主要有以下几个方面：

（1）分段器具有自动对上一级保护装置跳闸次数的计数功能。

（2）分段器不能切除故障电流，但是与重合器配合可分断线路永久性故障。由于它能切除满负荷电流，所以可作为手动操作的负荷开关使用。

（3）分段器可进行自动和手动跳闸，但合闸必须是手动的。分段器跳闸后呈闭锁状态，只能通过手动合闸恢复供电。

（4）分段器有串接于主电路的跳闸线圈，更换线圈即可改变最小动作电流。

（5）分段器与重合器之间无机械和电气的联系，其安装地点不受限制。

（6）分段器没有安秒特性，故在使用上有特殊的优点。如它能用在两个保护装置的保护特性曲线很接近的场合，从而弥补了在多级保护系统中有时增加时限也无法实现配合的特点。

2.7.3 重合器与分段器的配合

自动重合器和自动分段器的配合动作可实现排除瞬时故障，隔离永久性故障区域，保证非故障线段的正常供电。由于重合器与分段器的功能不同，应根据系统运行条件合理确定线路的分段布局，以提高配电线路自动化程度和供电可靠性，其典型结构图如图2－17所示。

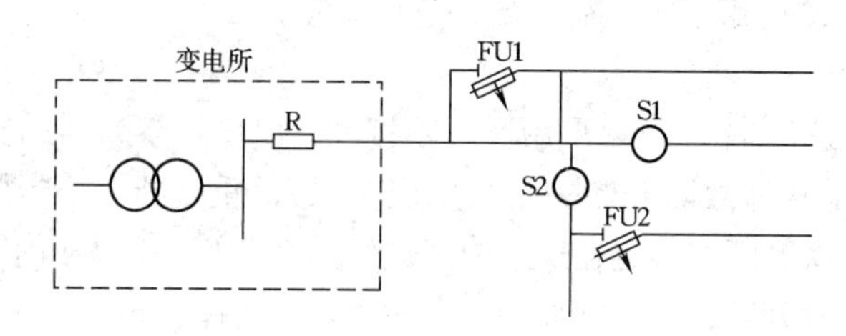

图2－17 重合器与分段器配合的典型结构图

R—自动重合器；S1、S2—自动分段器；FU1、FU2—跌落式熔断器

从理论上讲，线路上的每一个分支点都应作为一个分段点来考虑，这样，即使在较短分支线路出现永久性故障时，也可有选择性地给予分段，保持其他区段的正常供电。但出于经济和运行条件的限制，往往不可能做到这点，因而需从实际出发，因地制宜。

重合器、分段器均是智能化设备，具有自动化程度高的优点，但只有正确配合使用时才能发挥其作用，因此应遵守以下配合使用的原则：

（1）分段器必须与重合器串联，并装在重合器的负荷侧。

（2）后备保护重合器必须能检测到并能开断分段器保护范围内的最小故障电流。

（3）分段器的起动电流必须小于其保护范围内的最小故障电流，小于后备保护重合器最小分闸电流的80%，同时必须大于预期最大负荷电流的峰值。

（4）分段器的热稳定额定值和动稳定额定值必须满足要求。

（5）分段器的记录次数至少应比后备保护重合器合闸闭锁前的分闸次数少一次。

（6）分段器的记忆时间必须大于后备保护重合器的总累积故障开断时间。后备保护动作的总累积时间是指后备保护重合器从第一次开断故障电流瞬间起至最后一次开断故障电流瞬间止的时间间隔。

由于分段器没有安秒特性，所以重合器与控制分段器的配合不要求研究保护曲线。后备保护重合器整定为四次跳闸后闭锁，这些操作可以是任何快速和慢速（或延时）操作方式的组合。分段器的整定次数选择三次记数。如果分段器负荷侧线路发生永久性故障，分段器将在重合器第三次重合前分开并隔离故障，然后重合器再对非故障线路供电。

如果另有串联配置的分段器，它们整定的闭锁次数应一级比一级小。最末级分段器负荷侧线路故障时，重合器动作，串联的分段器都记录重合器的开断电流次数，最末级达到动作次数分闸，隔离故障。重合器再重合接通非故障线路恢复正常供电，未达到计数次数的分段器在规定的复位时间后复位到初始状态。

小　　结

（1）采用自动重合闸并与继电保护相配合是提高输电线路供电可靠性的有力措施。由于输电线路发生的故障大多数属于瞬时性故障，通过自动重合闸可对线路恢复供电，又自动重合闸装置本身结构简单、工作可靠，所以自动重合闸在电力系统得以广泛应用，并分析讨论采用自动重合闸的利弊、分类。

（2）本章重点介绍单侧电源线路三相一次自动重合闸装置接线原理。即线路正常时，SA 与 QF 位置对应，装置不起动；当非 SA 操作的断路器跳闸时，SA 与 QF 位置不对应，装置起动。利用电容充电时间长放电快的特点，保证重合闸只动作一次。手动操作 SA 合闸于故障线路，因电容充电时间短，两端电压很低无法起动中间元件，实现重合闸闭锁。将相关的继电保护或自动装置的触点与 $SA_{2\text{-}4}$ 并联，则可实现这些继电保护或自动装置动作时，相关触点闭合，构成电容 C 对电阻 R_6 放电回路，实现重合闸闭锁。并介绍了装置的参数整定原则，即重合闸动作时间、复归时间及后加速继电器复归时间设置的意义，如重合闸动作时间应尽可能短，但要保证故障点真正与电源脱离后（应考虑环网存在两侧保护动作不同时的时间差、两侧断路器不同时跳闸的时间差），有一定的断电时间，使故障点绝缘恢复。

（3）分析了双侧电源线路采用重合闸时，需考虑故障点的断电时间问题和同步问题。重点在于分析满足双侧电源线路的特殊问题的限制条件，对各类重合闸方式可归纳为：

1）三相快速ARD装置利用快速保护与快速断路器，保证很短的动作时间内具有必须的断电时间，利用重合周期短，实现重合后的同步。因此在使用上有限制条件，若不具备使用条件时，应考虑采用以下重合闸。

2）非同步ARD装置若按顺序重合方式，先重合侧即单侧电源ARD装置，后重合侧检定线路有电压后才重合。若不按顺序重合方式，则两侧均采用单侧电源ARD装置。在使用上同样有限制条件，若不具备使用条件时，应考虑采用其他重合闸。

3）无电压检定和同步检定ARD装置，是一种最具通用性的双侧电源线路ARD装置，也是本章的重点和主要内容，并分析其原理：正常运行时，同步检定继电器常闭触点闭合，检定无电压继电器常闭触点打开；线路发生瞬时性故障时，无压侧先重合，同步侧后重合；若为永久性故障时，无压侧断路器要连续两次切断短路电流，而同步侧始终不重合；接线中无压侧接入低电压继电器和同步检定继电器KSY，同步侧只接入KSY，保证两侧断路器误跳闸时可利用KSY进行重合，为了均衡两侧断路器工作条件，可利用检定无电压连接片对两侧重合闸方式进行定期轮换。简要分析了同步检定继电器的工作原理，即利用磁通与电压差成正比来判别同步的相差条件，利用比较t_{KSY}与t_{AR}时间大小来判别同步的频差条件，利用在临界条件下断路器合闸瞬间，所产生的冲击电流应小于允许值（即KSY动作角度整定条件），保证同步的相角条件。

4）简要介绍某些特定的双侧电源线路采用重合闸的原理。平行双回线路可采用检定另一回线路有电流ARD装置，用另一回线路有电流检测两侧电源同步；具有解列点时可采用自动解列ARD装置，用无电压检定确定故障点的断电，通过解列点的同步并列保证重合闸时两侧电源同步；具有自同步条件的水电厂系统，可采用自同步ARD装置，同样用无电压检定确定故障点的断电，而通过水电厂的自同步并列实现同步。

（4）介绍了自动重合闸与继电保护的配合方式，即重合闸前加速和重合闸后加速保护的工作方式、特点及使用场合。

（5）分析了综合重合闸需要考虑的特殊问题，即：①需要决定单相跳闸还是三相跳闸的接地故障判别元件、决定单相跳闸相的故障选相元件；②单相重合闸期间，非故障相继续运行，存在潜供电流问题；③单相重合闸期间和单相重合闸不成功，存在非全相运行问题。比较复杂的是选相问题，并讨论以下两点：一是根据电流选相元件、低电压选相元件、阻抗选相元件的固有特点和选相的要求，考虑其作为选相元件的适用性和特点；二是相电流差突变量选相元件的概念，只有两相电流差值发生突变时选相元件才动作。选相原理是根据各种故障时选相元件动作情况分析得出的。

对综合重合闸装置，继电保护、重合闸已经不具有独立的出口回路，而是继电保

护动作经重合闸的故障判别元件和故障选相元件出口，所以有了继电保护与自动重合闸装置之间连接的问题，这就是为适应不同继电保护要求，综合重合闸设有 N 端子、M 端子、P 端子、Q 端子、R 端子，并讨论装置的跳闸回路、合闸回路的动作过程。

（6）简要介绍微机重合闸装置的构成、自适应自动重合闸的构成原理，分析了自动重合器、自动分段器的特点及配合使用的原则。

复习思考题

2－1　输电线路装设自动重合闸的作用是什么？

2－2　电力系统对自动重合闸的基本要求是什么？为什么？

2－3　三相一次自动重合闸是如何保证只重合一次？

2－4　三相一次自动重合闸接线如图 2－1，试分析说明：

（1）线路上发生瞬时性故障或断路器误跳闸时重合闸的动作过程。

（2）重合闸成功后的复归过程。

2－5　三相一次自动重合闸接线如图 2－1，试分析说明：

（1）为什么手动操作合闸于故障线路时断路器不重合？

（2）为什么手动操作跳闸时断路器不重合？

（3）为什么闭锁重合闸装置动作时断路器不重合？

2－6　对于图 2－1，三相一次自动重合闸接线，电容 C 绝缘电阻下降严重，已经降至 R_4 阻值以下，运行中会有什么现象发生？有人在更换 R_4 电阻时，误将 3.4MΩ 换为 3.4kΩ，运行中有什么现象发生？为什么？

2－7　双侧电源线路装设自动重合闸有什么特殊问题需要考虑？为什么？

2－8　无电压检定和同步检定自动重合闸的起动回路接线中，连接片 XB 接通和断开的含义是什么？

2－9　无电压检定和同步检定自动重合闸，如果误将重合闸的动作时间 t_{ARD} 由 1s 整定为 0.5s 或 2s 时，运行中会出现什么？为什么？

2－10　某线路装有电压检定和同步检定重合闸，已知重合闸动作时间整定为 0.9s，同步间定继电器的动作角为 40°，返回系数为 0.8。如果线路上发生了瞬时性故障，无压侧已经重合成功，在同步侧断路器两侧电压差为 0，但存在 0.22Hz 频率差的情况下，计算说明能否完成同步检定重合闸？

2－11　何谓重合闸前加速保护、后加速保护？拟出其原理接线图并说明工作原理。

2－12　与三相重合闸比较，综合重合闸有哪些特殊问题需要考虑？

2－13 综合自动重合闸中为什么要装选相元件？对选相元件有什么要求？
2－14 综合自动重合闸中为什么需要接地故障元件？
2－15 相电流差突变量选相元件如何选出故障相？
2－16 潜供电流与什么因素有关？对综合自动重合闸有什么影响？
2－17 综合自动重合闸装置中，保护引入端子有哪些？分别接入哪些保护？
2－18 线路自动重合器与自动分段器有哪些特点？两者配合使用的原则是什么？

第 3 章

按频率自动减负荷装置

【教学要求】 通过教学使学生了解负荷与频率的关系，频率变化的动态特性，理解按频率自动减负荷装置的基本要求，重点掌握按频率自动减负荷装置基本原理与分级切负荷原理，并弄清装设附加级的意义。掌握低频继电器的原理。掌握防止按频率自动减负荷装置防误动措施，要注意针对各种不同误动原因来采取相应的措施。

3.1 概 述

电力系统的事故，有时会带来严重的有功缺额和无功缺额。对于无功缺额，可迅速增加无功功率的方法，使系统电压恢复稳定。对有功缺额，当其缺额量超出了机组的调节能力时，需切除一定的负荷来维持功率的平衡，使系统频率稳定在允许范围之内。显然，如果不切除一定的负荷，系统频率就会降低，严重时将危及安全运行。

3.1.1 低频运行的危害

当系统的有功不足，将引起频率下降，如果不及时采取措施，不仅影响供电质量，而且会给电力系统安全运行带来极为严重的后果。具体如下：

（1）引起频率崩溃。频率下降会使某些用电机械因转速下降而降低效率，为了满足其输出要求，需向电网吸取更多有功功率，导致电网有功功率缺额更为严重，频率更为降低，形成恶性循环，造成系统频率崩溃。

（2）引起电压崩溃. 当频率过低时，发电机转子及励磁机的转速下降，致使发电机电势下降，全系统电压水平大为降低。电压降低将使系统无功功率相对增加，从而导致电压进一步下降，形成恶性环。严重时将引起系统电压崩溃。

（3）损坏汽轮机叶片。汽轮机在额定频率下运行时，叶片振动很小，当频率下降

时，振动增大。运行经验证明，汽轮机长期在低于49.5Hz的频率下运行时，叶片易产生裂纹。当频率低到45Hz附近时，个别叶片可能发生共振而引起断裂。

（4）频率降低，破坏电能质量，使用户生产力下降。由此可见，电力系统低频运行是不允许的，应采取措施维持频率在额定值下运行。

系统正常运行时，对于负荷有功功率小范围内的变化，可通过调节系统中旋转备用容量维持功率平衡，以使频率在额定值附近的波动不超过允许值。当系统发生事故而出现较大功率缺额，但旋转备用容量又不足时，为保证系统的安全运行，要在短时间内阻止频率的过度降低，进而使频率恢复到接近额定值，比较有效的措施是根据频率下降程度自动断开一部分不重要负荷。这种当系统发生有功功率缺额引起频率下降时，能根据频率下降的程度自动断开部分不重要负荷的自动装置，称为按频率自动减负荷装置，简称AFL装置。可见，AFL装置是保证系统安全运行和重要负荷连续供电的有力措施。

3.1.2 负荷的静态频率特性

用电负荷消耗的有功功率会随着频率的变化而变化，电力系统总有功功率 $P_{L\Sigma}$ 与频率的关系称为负荷的静态频率特性。电力系统中各类负荷消耗的有功功率随频率的变化情况各不相同，但大致可分为三种：①负荷的功率与频率无关，即 $P_{\mathrm{I}}=K_0$，如电热设备、白炽灯等；②负荷消耗的功率与频率的一次方成正比，即 $P_{\mathrm{II}}=K_1f$，如卷扬机、球磨机、切削机等；③负荷消耗的功率与频率的二次方或二次方以上成正比，即 $P_{\mathrm{III}}=K_2f^2+K_3f^3$，如通风机、水泵等。

电力系统的总负荷 $P_{L\Sigma}$，可以认为是由上述各种负荷组成，它们随频率变化，关系曲线如图3-1所示。总负荷可表示为

$$P_{L\Sigma}=K_0+K_1f+K_2f^2+K_3f^3+\cdots \quad (3-1)$$

当某一系统负荷的组成及性质确定后，负荷总有功功率与频率关系也就确定，如图3-1所示。该曲线可通过实验获得。

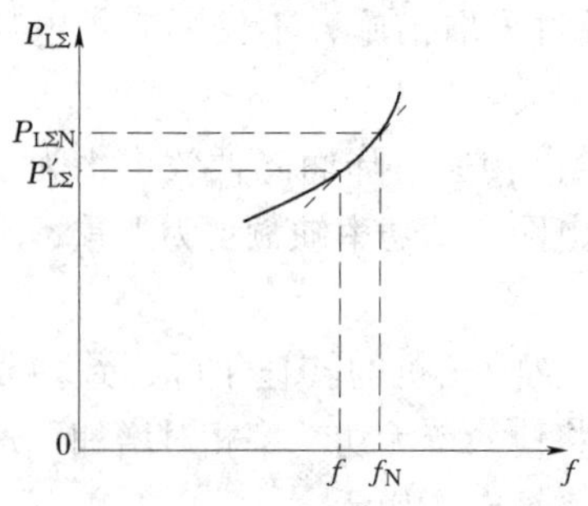

图3-1 负荷静态频率特性

由图3-1可知，频率升高时，负荷消耗的有功功率增加；当频率下降时，负荷消耗的有功功率减小，这种现象称为负荷的调节效应。由于负荷调节效应的存在，当系统出现不大的功率缺额引起频率下降时，负荷消耗的有功功率随之减小，从而部分地补偿了功率缺额，于是，系统就可能稳定在一个低于额定值的频率下运行。当系统出现大量有功缺额时，若仍然依靠负荷的调节效应来补偿有功的

不足，则系统频率将会将低到不允许的程度，从而破坏系统稳定。在这种情况下，就要借助 AFL 来保证系统稳定运行。

负荷的调节效应可以用负荷调节效应系数来衡量。当系统频率在 45 ~ 50Hz 范围内变化时，由于变化范围小，静态频率特性可以近似地用一直线表示，这样，负荷调节效应系数 K_L 就可近似定义为直线的斜率，如图 3－1 所示，K_L 可表示为

$$K_L=\frac{P_{L\Sigma}-P_{L\Sigma N}}{P_{L\Sigma N}}\times\frac{f_N}{f-f_N}=\frac{\Delta P_{L\Sigma *}}{\Delta f_*} \tag{3-2}$$

或

$$\Delta P_{L\Sigma *}=K_L\Delta f_* \tag{3-3}$$

式中 $P_{L\Sigma}$——频率为 f 时系统负荷总有功功率；

$P_{L\Sigma N}$——额定频率下系统负荷总有功功率；

$\Delta P_{L\Sigma *}$——系统负荷总有功功率变化量的标么值；

f_N——额定频率；

Δf_*——频率变化量的标么值。

负荷调节效应系数随系统负荷组成不同而改变。一般 K_L 值在 1 ~3 之间。

3.1.3 电力系统的动态频率特性

电力系统出现有功功率缺额时，系统频率将发生变化，但是系统频率的变化不是瞬间完成的，而是要经过一个过渡过程。频率由额定值 f_N 随时间按指数规律逐渐变化到另一个稳定值 f_∞ 的过程如图 3－2 所示，这种关系曲线称为系统的动态频率特性。其表达式为

$$f=f_\infty+(f_N-f_\infty)e^{-\frac{t}{T_f}} \tag{3-4}$$

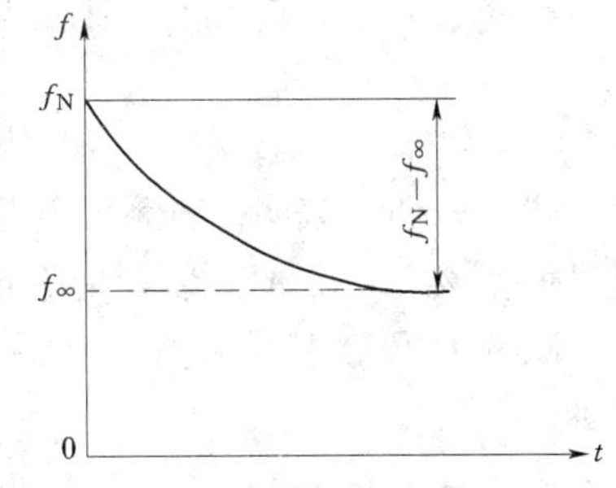

图 3－2 系统的动态频率特性

系统频率变化的时间常数 T_f 一般在 4 ~ 10s 之间，大容量的系统 T_f 较大。

3.2 按频率自动减负荷装置的工作原理

实际上，单靠负荷的调节效应来补偿功率缺额不够的，当功率缺额大时，将出现系统的稳定频率过低，根本不能保证系统的安全运行。为此，必须使用按频率自动减负荷装置切除一部分负荷，以阻止频率的严重下降。实现按频率自动减负荷装置基本原则如下。

3.2.1 按频率自动减负荷装置所接负荷容量的确定

AFL装置切除负荷的总额应根据系统实际可能发生的最大功率缺额来确定。系统可能出现的最大功率缺额要依系统的装机容量的情况、机组的性能、重要输电线路的容量、网络的结构、故障的几率等因素具体分析，如断开一台或几台大机组或大电厂、断开重要送电线路来分析。如果系统因联络线路事故而解裂成几个部分运行时，还必须考虑各部分可能发生的最大功率缺额。总之，应按实际可能的最不利情况计算。

考虑到AFL装置动作后，并不需要频率恢复到额定值，只需达到恢复频率（一般为48～49.5Hz）即可，这样可少切除一部分负荷。进一步的恢复工作，可由运行人员来处理。因此，AFL装置切除负荷总额可稍低于最大功率缺额。

若系统最大功率缺额P_{umax}已经确定，则根据负荷调节效应可确定AFL装置所接负荷总额。设正常运行时系统负荷总功率为$P_{L\Sigma N}$；接入AFL装置负荷总额为ΔP_{Lmax}，额定频率与恢复频率之差为$f_N - f_{re}$，根据关系式（3－3）可得

$$\frac{P_{umax}-\Delta P_{Lmax}}{P_{L\Sigma N}-\Delta P_{Lmax}}=K_L\frac{f_N-f_{re}}{f_N}=K_L\Delta f_* \tag{3-5}$$

由式（3－5）可推出AFL装置接入负荷总额为

$$\Delta P_{Lmax}=\frac{P_{umax}-K_L\Delta f_* P_{L\Sigma N}}{1-K_L\Delta f_*} \tag{3-6}$$

式（3－6）表明，若系统负荷总功率，最大功率缺额已知，系统恢复频率确定，就可根据该式求得AFL装置切除负荷总额。反过来，若已知系统某种事故下产生的功率缺额为P_u，AFL装置动作后，切除负荷量为ΔP_L，也可求系统的稳定频率是多少。

3.2.2 AFL装置的分级实现

（1）AFL装置应根据频率下降的程度分级切除负荷。电力系统所发生的功率缺额不同，频率下降的程度也不同，为了提高供电的可靠性，应尽可能少地断开负荷，为此所切除负荷的总容量应根据频率下降的程度及负荷的重要性分级切除，即将AFL装置切除负荷的总容量按照负荷的重要性分成若干级，分配在不同的动作频率上，重要负荷接在最后一级上，在系统频率下降过程中，AFL装置按照动作频率值的高低有顺序地分批切除负荷，以适应不同功率缺额的需要。当频率下降到第一级频率值时，第一级AFL装置动作，切除接在第一级上的次要负荷后，若频率开始恢复，下一级就不再动作。若频率继续下降，则说明上一级所断开的负荷功率不足以补偿功

率缺额，当频率下降至第二级动作频率值时，第二级动作，切除接在第二级上的较重要负荷，若频率仍然下降，再切除下一级负荷，依次逐级动作，直至频率开始回升，才说明所断开负荷与功率缺额接近。AFL 装置就是采用这种逐级逼近的方法来求得每次事故所产生的功率缺额应断开的负荷数值。

（2）AFL 装置第一级动作频率的确定应考虑到下述两个方面。从系统运行的观点来看，希望第一级动作频率愈接近额定值愈好，因为这样可以使后面各级动作频率相应高些，因此第一级的动作频率值宜选得高些。但又必须考虑电力系统投入旋转备用容量所需的时间延迟，避免因暂时性频率下降而不必要地断开负荷的情况。因此，兼顾上述两方面的情况，第一级动作频率一般整定在 48～48.5Hz。在以水电厂为主的电力系统中，由于水轮机调速系统动作较慢，故第一级动作频率宜取低值。具有大型机组的系统可取 49Hz。

（3）最后一级动作频率应由系统所允许的最低频率下限确定。对于高温高压的火电厂，当频率低于 46～46.5Hz 时，厂用电已不能正常工作。因此，对于以高温高压火电厂为主的电力系统，最后一级动作频率一般不低于 46～46.5Hz。其他电力系统不应低于 45Hz。

（4）频率级差及 AFL 装置级数的确定。频率级差即相邻两级动作频率之差，一般按照 AFL 装置动作的选择性要求来确定，即前一级动作后，若频率仍继续下降，后一级才应该动作，此为 AFL 装置动作的选择性。这就要求相邻两级动作频率具有一定的级差 Δf，Δf 的大小取决于频率继电器的测量误差 Δf_K 以及前级 AFL 装置起动到负荷断开这段时间内频率的下降值 Δf_t，即

$$\Delta f = 2\Delta f_K + \Delta f_t + f_y \tag{3-7}$$

式中 f_y——频差裕度。

一般，采用晶体管型低频率继电器时，由于测量误差较大，取 $\Delta f = 0.5$Hz。采用数字频率继电器时，测量误差小，Δf 可缩至 0.3Hz 或更小。

需要指出的是，大容量电力系统，一般要求 AFL 装置动作迅速，尽量缩短级差，可能使得 AFL 装置不一定严格按选择性动作。

AFL 装置的级数 N 可根据第一级动作频率 f_1 和最后一级动作频率 f_n 以及频率级差 Δf 计算出，即

$$N = \frac{f_1 - f_n}{\Delta f} + 1\text{（取整数）} \tag{3-8}$$

式中 N 一般为 5～7 级。

（5）AFL 装置动作时限的确定应避免在系统振荡或系统电压急剧下降时，可能引起频率继电器误动，一般允许 AFL 装置动作带 0.5s 延时来躲过上述暂态过程出现

的误动作。

（6）AFL 装置应装设附加级。在 AFL 装置动作过程中，可能出现某一级动作后，系统频率稳定在恢复频率以下，但又不足以使下一级动作的情况，这样会使系统频率长期悬浮在低于恢复频率以下的水平，这是不允许的。为此在原有基本 AFL 装置外还装设带长延时的附加级，其动作频率不低于基本级的第一级动作频率，一般为 48 ~48.5Hz。由于附加级是在系统频率已经比较稳定时起动的，因此其动作时限一般为 10 ~25s，相当于系统频率变化时间常数的 2 ~3 倍。附加级按时间又分为若干级，各级时间差不小于 5s。这样附加级各级的动作频率相同，但动作时限不一样，它按时间先后次序分级切除负荷，使频率回升并稳定到恢复频率以上。

3.3　按频率自动减负荷装置接线

3.3.1　按频率自动减负荷装置的接线图

对每一个发电厂、变电所，不要求同时装有全部基本级和附加级，一般装其中的 1 ~2 级。发电厂或变电所属于 AFL 装置同一级的负荷，可共用一套 AFL 装置。各级 AFL 装置的原理接线图如图 3 -3 所示。它由低频率继电器 KF、时间继电器 KT、出口中间继电器 KCO 组成。当频率降低至低频率继电器的动作频率时，KF 立刻起动，其动合触点闭合，起动 KT，经整定时限起动 KCO；KCO 动作，其动合触点闭合断开相应负荷。其中 KF 是装置的起动元件，用来测量频率，而 KT 的作用是为了防止 AFL 装置误动作。

频率继电器是 AFL 装置的主要元件。我国目前使用的频率继电器有感应型、晶体管型、数字型三种。其中数字式低频率继电器以其高精度、快速、返回系数接近 1、可靠性高等优点，被使用越来越普遍。

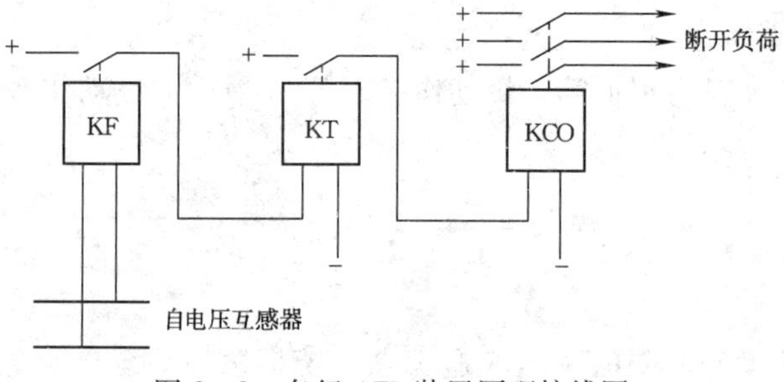

图 3 -3　各级 AFL 装置原理接线图

3.3.2 BDZ—1 型低频继电器

图 3－4 为 BDZ—IB 型晶体管低频率继电器原理图。该继电器由输入变压器、频率敏感回路、整流比较、双 T 滤波和执行元件等组成。

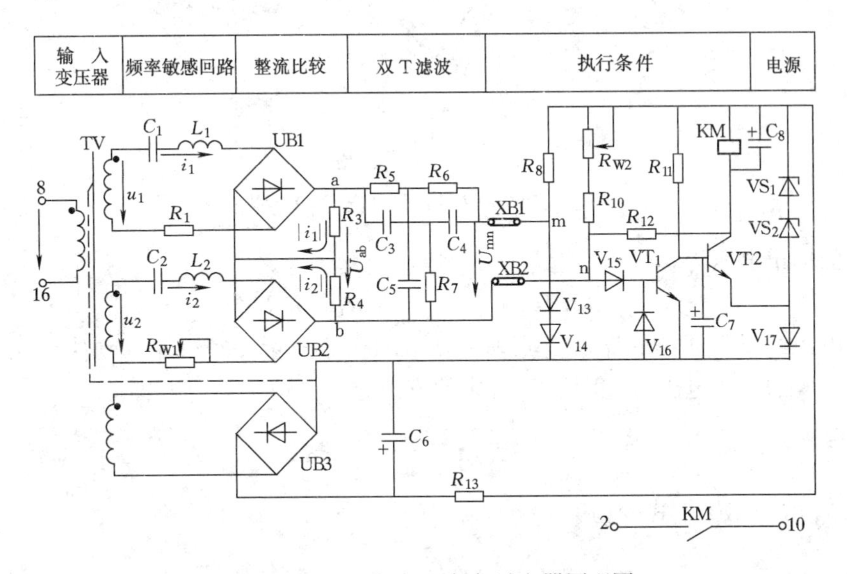

图 3－4　BDZ—1B 型低频继电器原理图

输入变压器 TV 一次绕组接系统电压互感器二次侧电压；其二次绕组分别接入工作回路、制动回路和自供直流电源回路。由 L_1、C_1 构成的回路称为工作回路，由 L_2、C_2 构成的回路称为制动回路。两回路电流 i_1 和 i_2，通过整流桥 UB_1 和 UB_2 整流后，在电阻 R_3 和 R_4 形成直流电流 $|i_1|$ 和 $|i_2|$，其有效值分别为 I_1 和 I_2。

工作回路和制动回路都是串联谐振回路，其谐振频率 f_{01} 和 f_{02} 分别为

$$f_{01}=\frac{1}{2\pi\sqrt{L_1C_1}} \tag{3-9}$$

$$f_{02}=\frac{1}{2\pi\sqrt{L_2C_2}} \tag{3-10}$$

选择回路参数使 $f_{01}=40\text{Hz}$，$f_{02}=55\text{Hz}$。当频率等于谐振频率时，电流最大；偏离谐振频率时，电流将减小。两回路电流随频率变化的关系曲线——谐振曲线，如图 3－5 所示。由图可见，当频率为 40Hz 时，I_1 为最大，I_2 值较小；反之，当频率为 55Hz 时，I_2 为最大值，I_1 值较小。

两组整流桥 UB_1 和 UB_2 同极性对接，用来将交流变成直流，以便进行绝对值比

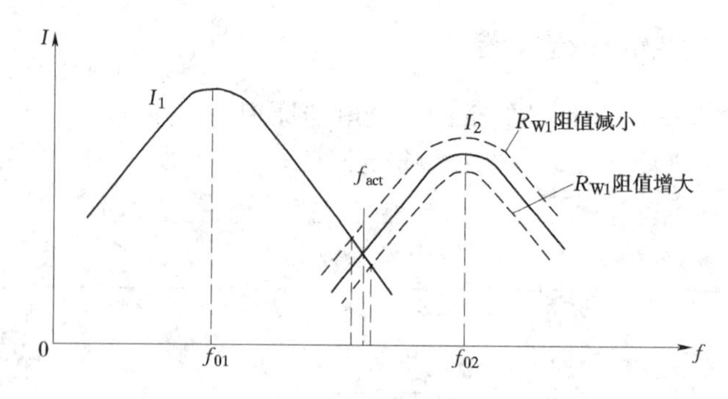

图 3-5 I_1、I_2 随频率变化的关系图

较。它的输出电压为

$$U_{ab}=U_{R3}-U_{R4}=I_1R_3-I_2R_4 \tag{3-11}$$

此电压经双T滤波回路后，滤去了其中的交流分量，然后输入到执行元件。因此执行元件的输入电压 U_{mn} 正比于 U_{ab} 中的直流分量（取平均值）即

$$U_{mn}=K\frac{2\sqrt{2}}{\pi}(I_1R_3-I_2R_4)$$

令 $R_3=R_4=R$，上式变为

$$U_{mn}=K\frac{2\sqrt{2}}{\pi}R(I_1-I_2) \tag{3-12}$$

式中 K——考虑滤波影响的系数。

由于 I_1 和 I_2 是随频率变化的，故 U_{mn} 值也随频率而变化。当 $U_{mn}=0$ 时，即 $I_1=I_2$ 时对应的系统频率值，称为继电器的动作频率 f_{act}，如图3-5中两曲线的交点。

系统正常运行时，$f>f_{act}$，有 $I_2>I_1$，如图3-5所示，故 $U_{mn}<0$，执行元件输入一接近于零的负电加压；当频率下降 $f<f_{act}$ 时，$I_1>I_2$，$U_{mn}>0$，执行元件输入一正电压信号。

执行元件由两个三极管VT1、VT2构成的触发器组成，采用干簧继电器KM作为出口元件。

在系统正常运行时，$f>f_{act}$，执行元件输入电压 U_{mn} 为接近零的负值，此时，VT1导通，VT2截止，出口继电器KM无电流通过，低频继电器不动作。

当频率降低，$f<f_{act}$ 时，执行元件输入一正电压，VT1因发射结承受反向电压而截止，VT2导通，触发器翻转，出口继电器KM有电流通过，KM动作，即低频率继电器动作。

可见，低频率继电器在 $f\leqslant f_{act}$，$I_1\geqslant I_2$ 时动作。它的动作频率是通过改变 R_{W1} 的阻

值实现的。当增加 R_{W1} 时，I_2 值减小，制动回路谐振曲线下降，动作频率提高；反之 R_{W1} 减小时，I_2 值增加，相应曲线上升，动作频率则降低，调整情况见图 3－5。

3.3.3 SZH—1 型数字频率继电器

1. 工作原理

图 3－6 为 SZH—1 型数字频率继电器的原理框图，在图中，输入的交流电压信号经变压器 TVS 降压后，一路供测量频率回路用，一路供稳压电源用。稳压电源向继电器电路提供 6、12V 及 24V 电源。

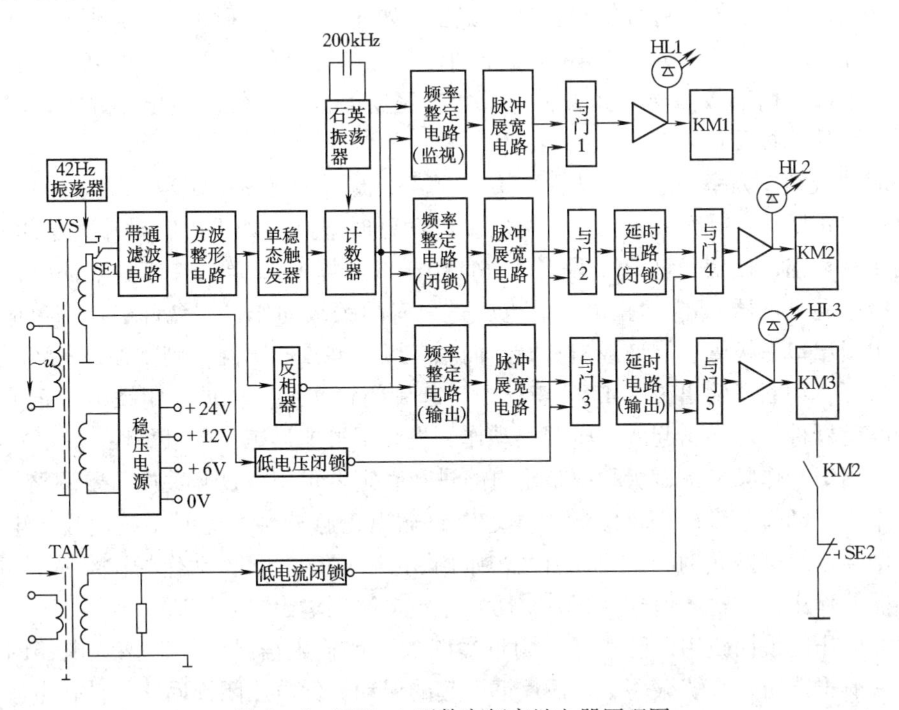

图 3－6　SZH—1 型数字频率继电器原理图

频率测量部分由带通滤波器、方波整形器、单稳触发器、计数器、石英振荡器等组成。输入电压信号经带通滤波器滤波后，滤掉其中谐波分量、获得平滑的正弦波电压信号，再经方波整形器整形为上升沿陡峭的方波。单稳触发器将方波的上升沿展成 4～5μs 的正脉冲，显然，该脉冲的周期与输入电压信号的周期相同。因此，将这个脉冲信号作为输入电压信号每个周期开始的标志，并用来使计数器清零。这样，计数器的计数值 N 即为被测信号一周期内石英振荡器所发出的时钟脉冲数。设石英振荡器的振荡频率为 200kHz，那么输入电压信号的频率与计数值 N 的关系为

$$f = \frac{1}{T} = \frac{1}{N} \times 2 \times 10^5 (\text{Hz}) \tag{3-13}$$

式（3－13）表明，输入交流电压信号的频率与计数值 N 成反比。当输入信号的频率下降时，计数值 N 增加。

继电器内设有三级频率动作回路：一级为正常监视回路；二级为闭锁回路；三级为输出回路。每级的动作频率值由频率整定电路进行整定。当计数器测出的频率值小于整定的频率值时，频率整定电路就有正脉冲输出，然后由脉冲展宽电路展宽成连续信号。

正常监视级动作频率整定为51Hz，正常运行时，系统频率小于51Hz。因此，该级频率整定电路总有正脉冲输出，经展宽后，如此时系统电压正常，再经与门1到中间继电器KM1，使中间继电器始终处于动作状态，并且信号灯HL1发光，起监视作用。当继电器内部故障时，如失去电源、振荡器停振、计数器停止计数等，KM1返回，发出故障报警信号。

闭锁级动作频率一般整定为49.5Hz，当系统频率小于49.5Hz时，该级频率整定电路输出正脉冲，并经展宽后，经与门2起动延时电路，如果此时电流大于闭锁值，与门4有输出，使信号灯HL2发光，并使中间继电器KM2动作，其触点闭合，接通输出级中间继电器KM3的正电源。也就是只有闭锁级动作，才允许出口切负荷。如果输出级出口三极管误导通或击穿时，而系统频率并没有下降，则闭锁级KM2不动，触点打开，切断了输出级KM3的正电源，起到闭锁作用。可见，闭锁级防止了输出级回路元器件损坏而引起的继电器误动作，提高了继电器工作的可靠性。

输出级动作频率由该级频率整定电路进行整定，可用拨盘开关按需要调整。当系统频率小于动作频率时，该级频率整定电路输出正脉冲，如此时系统电压、电流正常，则经延时电路延时，起动输出级中间继电器KM3，KM3动作切除相应的负荷。反相器的作用是在输入信号为零时，防止整定电路误输出。

低电压闭锁回路用以防止母线附近短路故障或输入信号为零时该继电器的误动作。一般也能防止系统振荡、负荷反馈引起的误动。低电压闭锁回路的动作电压一般整定为60V，当输入电压低于60V时，自动闭锁输出回路。低电流闭锁主要是防止负荷反馈引起的误动作。

为了在运行中试验继电器的完好性，设有42Hz振荡器及试验开关SE。当SE置于试验位置时，SE2断开了输出级中间继电器KM3的正电源，防止在试验时输出级动作误切负荷、SE1将42Hz的信号引入继电器的测量回路，此时监视级、闭锁级和输出级同时发出灯光信号。

2. 参数整定

（1）输出级的频率整定。因本继电器采用测量系统电压周期的方法来测量系统频

率，并通过计数器测量一个周期内的时钟脉冲数 N。因此，在整定频率时，应把频率整定值按式（3－13）换成计数值 N 的整定值。

（2）动作延时整定。一般地，频率闭锁级动作延时整定为 0.15s，输出级动作延时设置有 0.15、0.5s 和 20s 几个时限供用户选用。

（3）继电器的返回时间，即展宽电路的展宽时间，一般取 60～70ms。如果返回时间过短，继电器动作不可靠；而返回时间过长，又会在系统频率已经恢复时继电器不能及时返回，引起误切负荷。

3.4　防止按频率自动减负荷装置误动作措施

AFL 装置误动作情况分析：

（1）低频率继电器触点抖动而产生误动作。电压突然变化时，在频率敏感回路中产生过渡过程，从而引起低频率继电器触点抖动。由于触点抖动接通的时间很短，只要 AFL 装置带 0.5s 动作时限即可防止误动作。

（2）短路故障造成频率下降而引起误动作。如在带电抗器的电线引出线上发生短路故障时，由于电抗器的作用，使母线线压较高，所以非故障线路的用户基本不受影响，但短路电流在故障线路上的有功损失却可能达到 50～70MW，这在容量为 300MW 以下的系统中会引起较大的功率缺额，从而引起频率下降。若切除故障带有时限，就会使 AFL 装置误动，待故障切除后，系统不存在功率缺额，频率将逐渐恢复正常，因而 AFL 装置的上述动作是不允许的。防止上述误动作措施有：

1）加速切除故障。

2）采用按频率自动重合闸来纠正。即当系统频率恢复时，将 AFL 装置断开的负荷按频率恢复情况自动重合，从而恢复供电。应当指出，在出现功率缺额时，AFL 装置动作后，频率恢复时，重合闸不应动作。为此，按频率自动重合闸的动作应按频率恢复速度的快慢决定。由故障引起的频率下降，故障切除后，频率恢复得快，按频率重合闸应该动作。而系统真正有功率缺额时，AFL 装置动作后，频率恢复慢，按频率自动重合闸不动作。

（3）系统中旋转备用容量起作用前，AFL 装置可能误动。系统出现功率缺额时，首先应考虑投入旋转备用容量，如果投入旋转备用后，频率开始回升，弥补了功率缺额，则 AFL 装置不应动作。但旋转备用发挥作用需要时间，特别是水轮发电机，由于调速机构动作慢（约 10～15s），因此在其过程中由于频率的下降可能出现 AFL 装置误动作的现象。

防止这种误动作的措施是使 AFL 装置前几级带长达 5s 的时限，或采用频率恢复到额定值时对被切负荷进行自动重合。

（4）供电电源中断，负荷反馈引起 AFL 装置误动。在地区变电所，供电线路重合闸期间，负荷与电源短时解列，地区中用户电动机仍继续旋转，此时，同步电动机、调相机及感应电动机会产生较低频率的电压，它们的综合电压的幅值将随时间逐渐衰减，其频率也逐渐降低。而低频率继电器动作功率很小，因此，在上述情况下，会引起 AFL 装置动作切去负荷。待自动重合闸或备用电源自动投入装置动作，恢复供电时，这部分负荷已被切去。

为防止这种误动作，可采用如下措施：

1）缩短供电中断时间，即加速自动重合闸或备用电源自动投入装置的动作时间，从而使频率下降得少些。

2）使 AFL 装置带延时，躲过负荷反馈的影响。对具有大型同步电动机的场合，需用 1.5s 以上延时，对小容量的异步电动机，需用 0.5～1s 的延时。

3）加电流闭锁或加电压闭锁，如图 3－7 为加电流闭锁的接线示意图。闭锁继电器接在电源主进线或主变压器上。当电源中断时，设备上的负荷电流为零，电流继电器不动，AFL 装置被闭锁。电流继电器的动作电流应小于流过设备上的最小负荷电流，以便正常运行不误闭锁 AFL 装置。

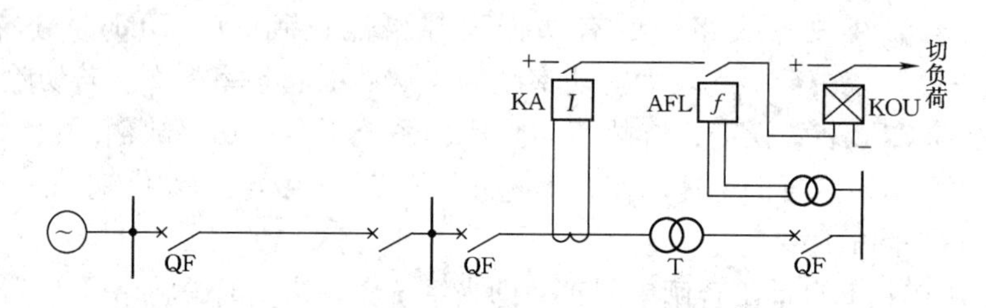

图 3－7　电流闭锁接线示意图

4）采用滑差闭锁。滑差闭锁就是利用频率下降的变化速度来区分是系统功率缺额引起的频率下降还是负荷反馈引起的频率下降，运行经验表明，频率的变化速度 $\frac{df}{dt}<3\text{Hz/s}$，可认为是系统功率缺额引起的频率下降，AFL 装置不闭锁。而频率的变化速度 $\frac{df}{dt}>3\text{Hz/s}$，可认为是负荷反馈引起的频率下降，AFL 装置被闭锁。

小　　结

（1）当电力系统因事故发生有功功率缺额引起频率下降时，按频率自动减负荷装

置能根据频率下降的程度，自动断开部分次要负荷，以阻止频率过度降低，保证系统的稳定运行和重要负荷的连续供电。

（2）电力系统中装设的 AFL 装置包括快速动作的基本级和带长延时的附加级两种。

AFL 装置的基本级根据负荷的重要性按频率分为若干级，实行分级切除，动作频率越低，AFL 装置所切除的负荷越重要，其动作时限一般为 0.5s。

AFL 装置设有带长延时的附加级，以防止基本级动作后频率仍停留在不允许的水平上。

（3）按频率自动减负荷装置所切除的负荷总额应根据系统实际可能出现的最大功率缺额确定。各级 AFL 装置所切除的负荷值应根据负荷调节效应和该级的动作频率确定。

（4）对感应型、晶体管型和数字型三种频率继电器，根据运用情况，着重掌握数字型频率继电器，其特点是利用计数值 N 反映频率的变化。第一级为监视回路，正常运行时，KM1 动作，信号灯 HL1 发光，当继电器内部故障时，如失去电源、振荡器停振、计数器停止计数等，KM1 返回，发出故障报警信号。只有第二级闭锁级和第三级输出级动作后，才切除相应的负荷。

（5）防止 AFL 装置误动作的措施中，电压闭锁、电流闭锁和滑差闭锁是为了供电电源中断，负荷反馈引起 AFL 装置误动。AFL 装置带延时，可防止低频率继电器触点抖动、系统短路故障引起短时功率缺额和系统中旋转备用容量起作用前三种情况下 AFL 装置可能误动作。

（6）由防止 AFL 装置误动作的措施，可推导出低频减载保护的原理。

复习思考题

3-1　什么叫 AFL 装置？有何作用？

3-2　实现 AFL 装置的基本原则是什么？

3-3　试述附加级的作用。它与基本级的整定原则有何不同？

3-4　试述 SZH—1 型数字频率继电器的简单工作原理。

3-5　AFL 装置误动作的原因有哪些？防止误动作的措施是什么？

3-6　说明低频减载保护的原理框图。

第 4 章

同步发电机自动并列装置

【教学要求】 理解并掌握同期的各种方式、优缺点及并列的允许条件。掌握整步电压原理，熟练掌握 ZZQ—5 型同期装置和微机自动同期装置的组成部分、工作原理及运用要求。

4.1 概　　述

为满足电网运行的要求，同步发电机、同步调相机、同步电动机需要经常投入或退出电网。将同步电机投入电力系统并列运行的操作称为并列操作。并列操作是电力系统运行中的一项重要操作，在发电厂中是频繁出现的。在发电厂内，可以进行并列操作的断路器，都称之为电厂的同步点。通常，发电机、发电机—双绕组变压器组高压侧、发电机三绕组变压器组各电源侧、双绕组变压器低压侧或高压侧、三绕组变压器各电源侧、母线分段、母线联络、旁路、35kV 及以上系统联络线以及其他可能发生非同步合闸的断路器都是同步点。需要指出的是，对某些同步点，当进行准同步时，要利用变压器其他侧的电压进行同步检定，此时应注意变压器两侧电压是否存在相位移。通常变压器为 Y，d11 连接，采用△侧电压在 Y 侧实现准同步时，可用接线为 D，y1、相电压变比为 $100\Big/\frac{100}{\sqrt{3}}$的中间转角变压器进行相位补偿。

4.1.1 同期的方式

目前通用准同期和自同期两种方式。

（1）准同期方式。待并发电机在并列前已励磁，在发电机电压、频率和相位均与运行系统的电压、频率和相位相同（或接近相同）时，将发电机断路器合闸，发电机即与系统并列运行，合闸瞬间发电机定子电流等于零或接近于零。这种同期方式称之

为准同期方式。

发电机在准同期并列时，要求：①并列瞬间，发电机的冲击电流不应超过规定的允许值；②并列后，发电机应能迅速进入同步运行。

为此，同期并列断路器主触头闭合瞬间应满足以下三个条件：①运行系统与待并系统的电压幅值应相等；②运行系统与待并系统的频率应相等；③运行系统与待并系统的相位应相同。

但是实际操作时若要求同时满足上述三个理想条件，将使同期并列有时变得不可能。实际上要求同时满足上述三个条件既不可能也没有必要。因此，根据允许冲击电流的条件，规定了准同期并列允许的电压、频率和相角偏差范围：一般要求准同期并列时电压允许偏差的范围为5% ~10% 的额定电压；合闸时的相位差δ不超过10°；待并列发电机与运行系统的频率差不超过0.1 ~0.25Hz。

（2）自同期方式。待并发电机转速升高到接近额定转速时，将未加励磁的发电机投入系统，然后给发电机加上励磁，待并发电机借助电磁力矩自行拉入同步。这种方式称之为自同期方式。其特点是，并列速度快，但冲击电流大。

4.1.2 自动并列的意义

准同期和自同期都可以用手动或由同期装置自动操作。由于同期操作是发电厂运行中一项经常性重要的操作，如果操作不正确，可能导致设备损坏，甚至造成严重事故。因此，发电机的并列操作应尽量采用同期装置，而以手动准同期作为备用。自动同期的意义在于：

（1）在功能比较完善的自动装置操作下，能够实现高度准确同期，对待并机组无冲击损伤，对运行系统无影响。

（2）可加快并列过程，在系统负荷增长及事故后急需备用机组投入时，意义更为明显。

（3）自动准同期装置具有频率差和电压差等闭锁环节，消除了误并列的可能性。

（4）减轻了操作人员的劳动强度。

4.2 整 步 电 压

包含同步条件信息量的电压称之为整步电压，所以自动准同步装置检定待并发电机是否满足同步条件一般也是通过整步电压来实现的。整步电压一般可分为正弦整步电压和线形整步电压。

4.2.1 正弦整步电压

现在来分析稳步电压。图4-1（a）是一个简单的电力系统。系统SY为运行系统，发电机是待并系统。断路器QF是同步点。QF开路时，并列点两侧电压不同步。我们把并列点两侧电压的瞬时值之差称为滑差电压。即 $u_s = u_f - u_x$。相量关系如图4-1所示。

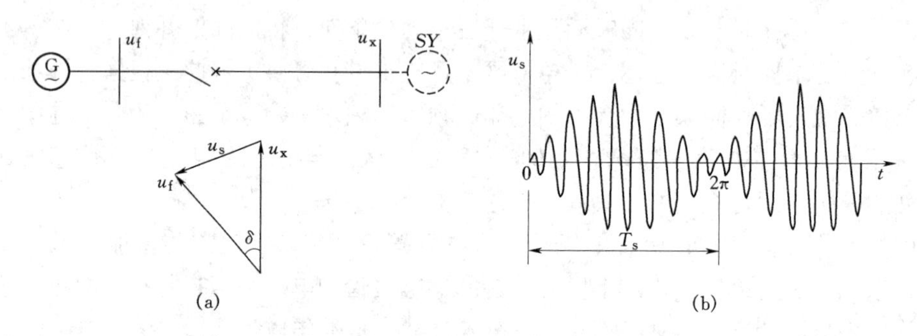

图4-1　滑差电压的产生及波形
（a）并列点两侧电压及相量关系；（b）滑差电压的波形

如设发电机端电压为 $U_f = U_m \sin\omega_f t$，系统母线电压为 $u_x = U_m \sin\omega_x t$，则滑差电压为 $U_s = 2U_m \sin(\frac{1}{2}\omega_s t)\cos\left[\frac{1}{2}(\omega_f + \omega_x)t\right]$，式中 $\omega_s = \omega_x - \omega_f$。图4-1（b）示出了滑差电压的波形。滑差电压的包络线称正弦整步电压（用 u_{zb} 表示），通过图4-2（a）的整流滤波电路可以获得图4-2（b）所示的整步电压波形。u_{zb} 可表示为

$$u_{zb} = 2U_m \left| \sin\frac{1}{2}\omega_s t \right| \tag{4-1}$$

波形见图4-2（b）。

当 $\delta = \omega_s t = 0°$ 时，$u_{zb} = 0$；当 $\delta = \omega_s t = 360°$ 时，$u_{zb} = 0$，即 δ 变化360°时，u_{zb} 完成

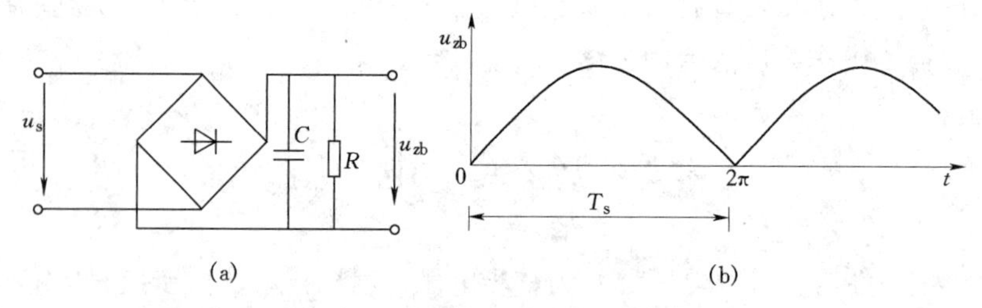

图4-2　整步电压的获得和波形
（a）整步电压的获得；（b）整步电压波形

了一个周期的变化，变化周期为$\frac{2\pi}{\omega_s}=\frac{1}{f_s}$，即滑差电压周期 T_s 反映了频差的大小。又当$\delta=\omega_s t=0°$时，有 $u_{zb}=0$，故在 u_{zb}达最低值时断路器主触头闭合，可保证 u_f 和 u_x 同相的要求。另外，由图4-1（b）可见，$\delta=0°$时 u_{zb}值即为 u_f 和 u_x 之差，故 u_{zb}最低值大小反映了电压差大小。所以，正弦整步电压包含了同步条件的信息量。故可依此实现自动准同期。但与线性整步电压实现的自动准同期装置相比，其性能不如后者，所以目前采用的自动准同期装置多依据线性整步电压。

4.2.2 半波线性整步电压

图4-3为半波线性整步电压获得的电路，其中4-3（a）为方框图，4-3（b）为一电路实例。在图4-3（a）中，u_x 和$-u_f$ 分别经波形变换电路后，将正弦波形变换为矩形波，其中正半周对应于低电位0V，负半周对应于高电位。对高电位而言，与门Y的输出对应于 u_x 和$-u_f$ 负半周重叠区间，所以 a 点的高电位宽度与相角差δ成正比，a 点输出波形如图4-4（b）所示。由于在一个工频周期内（u_f 或 u_x 频率低的一周期）a 点只能得到一个脉冲，故图4-3电路称为半波线性整步电压电路，相应得到的整步电压称为半波线性整步电压。在图4-3（b）中TV2二次电压 u_{x1}与母线电压 u_x 同相，TV3二次电压 u_{f1}与发电机电压 u_f 反相，所以输入到VT1和VT2基极的电压相当于 u_x 和$-u_f$。显然，VT1、VT2分别组成了 u_x 和$-u_f$ 的波形变换电路，集电极连在一起对高电位构成了“与”门。

a 点电压经低通滤波的作用，就得到 b 点电压波形。实际上，低通滤波器含有 RC 积分电路和滤波电路，通过积分电路将脉冲波转换成三角波并滤去高次谐波后由 b 点输出，即得半波线性整步电压 u_{zb}。整步电压各点的波形如图4-4所示。其特点如下：

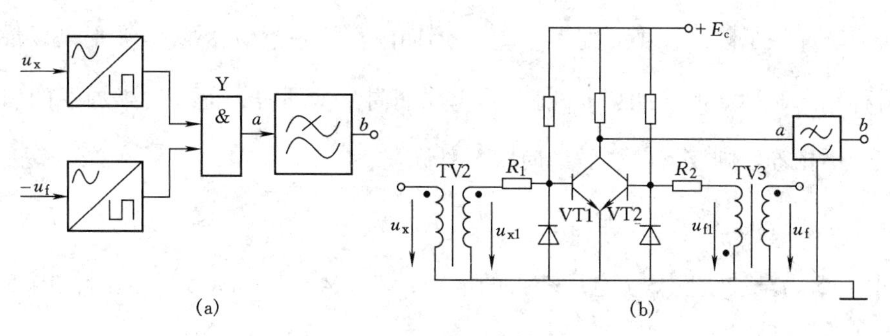

图4-3　半波线形整步电压获得电路

（a）方框图；（b）电路图

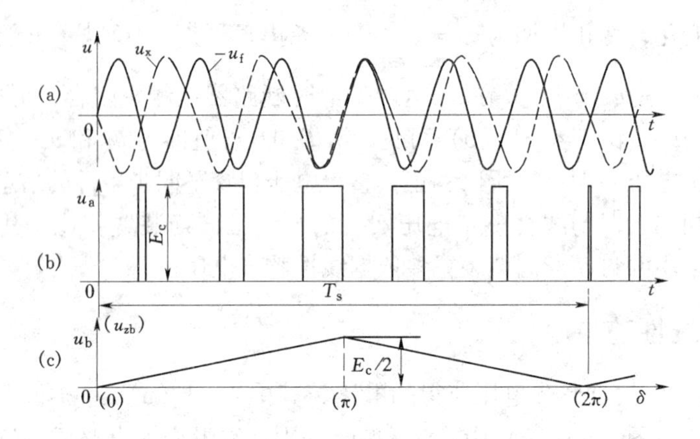

图 4-4 半波线性整步电压波形

(a) u_x、$-u_f$ 波形；(b) a 点电压波形；(c) b 点电压波形

（1）u_x 和$-u_f$ 完全反相时，在工频一周期内无负值重叠区间，故 u_{zb}的最高值为零；当 u_x 和$-u_f$ 完全同相时，在工频一周期内有最大的负值重叠区间（半周期），故 u_{zb}的最高值为$\frac{1}{2}E_c$。很自然，u_{zb}的变化周期为 T_s，最高值固定不变。

（2）u_{zb}的最低值 0V 对应 $\delta=0°$或 360°；u_{zb}的最高值对应于 $\delta=180°$，说明 u_{zb}的大小与运行系统、待并系统相角 δ 有对应关系。

（3）u_{zb}上升部分的斜率和下降部分的斜率分别为

$$\left.\frac{\mathrm{d}u_{zb}}{\mathrm{d}t}\right|_{0<t<\frac{T_s}{2}}=\frac{E_c}{T_s}=|f_s|E_c \tag{4-2}$$

$$\left.\frac{\mathrm{d}u_{zb}}{\mathrm{d}t}\right|_{\frac{T_s}{2}<t<T_s}=-|f_s|E_c \tag{4-3}$$

可见，斜率反映了频差大小。如果在 T_s 一周期内，频差不变，则 u_{zb}波形是以最高值$\frac{E_c}{2}$为对称轴的对称波形。如果 u_{zb}前、后半周期内频差不等，前、后半周期的斜率在数值上也不相等。则波形前、后半周期不对称。

4.2.3 全波线性整步电压

图 4-5 为全波线性整步电压获得的电路，其中 4-5（a）为方框图，4-5（b）为一电路实例。

图 4-5（a）与 4-5（b）相比，与门 Y1 的输出对应于 u_x、u_f 负半周重叠区间。由于反相器的作用，与门 Y2 输出对应于 u_x、u_f 正半周重叠区间。因为 u_a 是与门

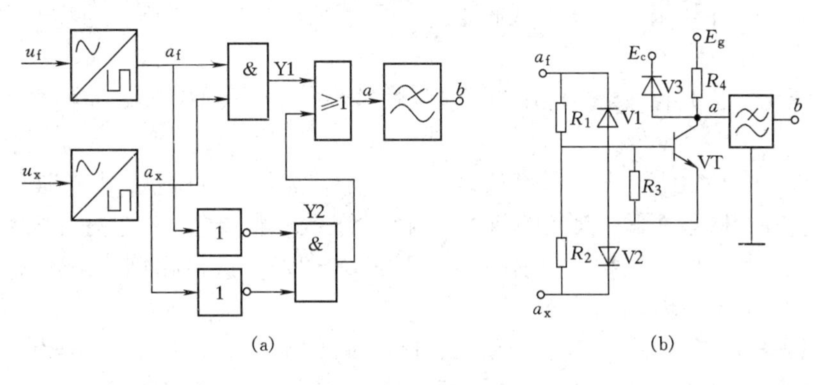

图 4-5　全波线性整步电压获得电路

（a）方框图；（b）电路图

Y1、Y2 的或操作后的输出，所以 u_a 的高电位脉冲在 u_x、u_f 同极性区间输出，波形如图 4-6（b）所示。与半波线性整步电压获得电路相区别，因工频一周期内 a 点高电位脉冲有两个，故图 4-6（b）中，a_f 和 a_x 同时为高电位（u_x 和 u_f 负半周重叠区间）或同时为低电位（u_f 和 u_x 正半周重叠区间），即 u_f 和 u_x 有同极性时，VT 无法获得基流而截止，α 点呈高电位 E_c。a_f 和 a_x 一个低电位另一个高电位时，VT 获得基流而饱和导通，a 点呈低电位 0V（实际约 1.3V）。因此，图 4-6（a）和图 4-6（b）是相对应的。

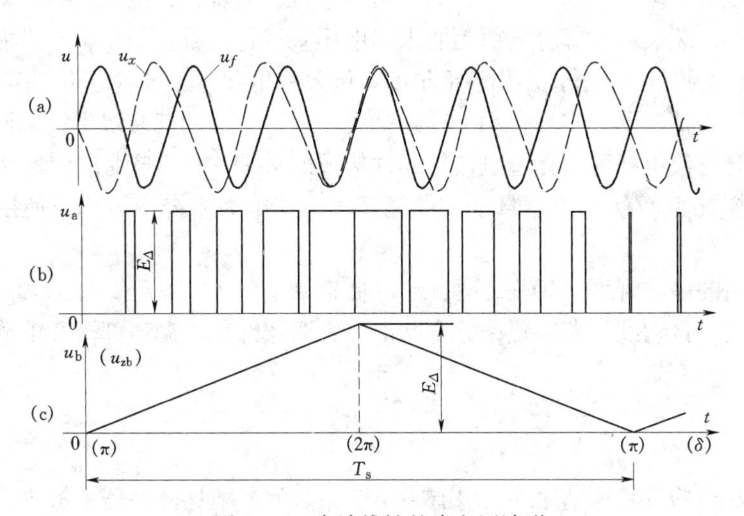

图 4-6　全波线性整步电压波形

（a）u_f、u_x 波形；（b）a 点电压波形；（c）c 点电压波形

与图4-3相同，a点电压经低通滤波作用后，在b点得到全波线性整步电压u_{zb}，波形如图4-6（c）所示。

应当指出，全波线性整步电压与半波线性整步电压有类似特点，它们之间主要区别如下：

（1）全波线性整步电压的最高值是E_c，等于a点电压的幅值，与半波线性整步电压相比，在相同条件下，是它的两倍，因而全波线性整步电压有较好的线性工作特性。实际上，如果取$E_c=40V$，则比图4-3中$E_c=12V$时得到的半波线性整步电压（最高值为6V）有更好的线性度。

（2）因图4-5中引入的是u_f和u_x，所以u_{zb}的最高值E_c对应于$\delta=0°$或360°；最低值对应于$\delta=180°$。如果将u_f或u_x反相接入，则u_{zb}移过去180°，最高值E_c对应于$\delta=180°$，最低值对应于$\delta=0°$或360°。

最后还应指出，线性整步电压是通过低通滤波后获得，由于滤波电路存在时滞，因而实际上的线性整步电压要滞后于分析得到的线性整步电压，故实际线性整步电压的最高值、最低值不能表示u_f和u_x的同相或反相。

4.3 ZZQ—5型自动准同期装置

自动准同期装置可分为合闸部分、调频部分、调压部分和电源部分。但考虑到一般发电机均设有自动调节励磁装置，对电压可进行自动调整，因此，自动准同期装置中不是一律要求装设调压部分，而是要求对电压差进行检查。但是，有可能全厂停电或发电机只作为调相机运行以及运行方式变化大的电厂，由于高压母线电压可能较低，所以在这种情况下，实现自动准同期就要求在自动准同期装置中设置调压回路。

由二极管整流电路和极化继电器等元件构成的ZZQ—1型自动准同期装置以及用晶体管电路构成的ZZQ—3A型自动准同期装置，在电力系统中被广泛使用，但其中却没有调压回路。

本节介绍的晶体管型ZZQ—5型自动准同期装置，与ZZQ—l型、ZZQ—3A型一样是导前时间式自动准同期装置，分合闸部分、调频部分、调压部分和电源部分，现分述如下。

4.3.1 合闸部分

考虑到断路器及其辅助元件自身有一个动作时间，要让断路器主触头合上时两侧电压相位刚好同相，自动准同期装置就必须提前发出合闸命令。提前的方法有恒定导前时间法和恒定导前相角法两种。前者是在待并列两侧电压同相位前恒定一个时间发

出合闸命令，后者则是在两侧电压同相位前恒定一个相角发出合闸命令。国产自动准同期装置，大都以导前时间的原理构成。合闸部分的主要作用是在压差、频差均满足要求的情况下，导前（$\delta=0°$）t_{dq}时间发出合闸脉冲命令。当压差或频差不满足要求时，不发合闸脉冲命令。

为达到上述要求，合闸部分由下列几部分组成：

（1）导前时间获得部分。它用以保证并列断路器主触头在闭合瞬间时的δ角在0°附近。为此，导前t_{dq}时间应等于并列断路器的合闸时间（包括所有辅助元件动作时间在内）。

（2）频差检查部分。当频差小于整定值时，允许发出合闸脉冲。当频差大于整定值时，闭锁合闸脉冲，不允许并列合闸。

（3）压差控制部分。当压差小于整定值时，允许发出合闸脉冲。当压差大于整定值时，闭锁合闸脉冲，不允许并列合闸。

（4）逻辑部分。对频差检查、压差控制部分的输出和导前时间脉冲进行逻辑判断，当满足同期条件时发出合闸脉冲。实际上，合闸脉冲就是导前时间脉冲。

图4－7示出合闸部分的原理图。

1. 导前时间获得部分

导前时间脉冲是利用线性整步电压经过比例微分电路和电平检测后获得的。电路示于图4－7中。其中C_{105}，R_{114}，R_{115}组成比例电路；C_{103}～C_{106}和R_{115}组成微分电路，线性整步电压U_{zb}由VT_{105}发射极输出。R_{111}为可调电阻，比例微分电路输出电压U_{out}加到VT_{106}基极，作为电平检测电路的输入电压，电平检测电路有一个动作电压，记作$U_{op.t}$，或称为门槛电压，当$U_{out}\geqslant U_{op.t}$，电平检测电路动作，输出电压$U_{t.le}$由高电压翻转到低电位（0V）；当$U_{out}<U_{op.t}$时，电平检测电路不动作，保持高电位。

现将图4－7有关电路作简化后，得到图4－8。再具体分析是如何获得导前时间的。

根据叠加原理比例微分单元输出电压U_{out}可以看成是两个电源U_{zb}和nU_{zb}（n是分压系数）分别作用结果的叠加。记为$U_{out}=U_{out}'+U_{out}''$。

U_{zb}作用在比例电路上，其等效电路见图4－8（b），由于f_s很小，可不计C_{105}作用，故U_{out}'波形与U_{zb}波形相似。周期没有变。只是改变斜率。

nU_{zb}作用在微分电路上，其等效电路见图4－8（c），U_{out}''由于微分作用，变成了周期不变，正负交替的矩形波。

作出有关波形如图4－9所示。

由波形图可知，电平检测电路输出电压$U_{t\cdot le}$低电位宽度为t_{dq}，它终止于360°。

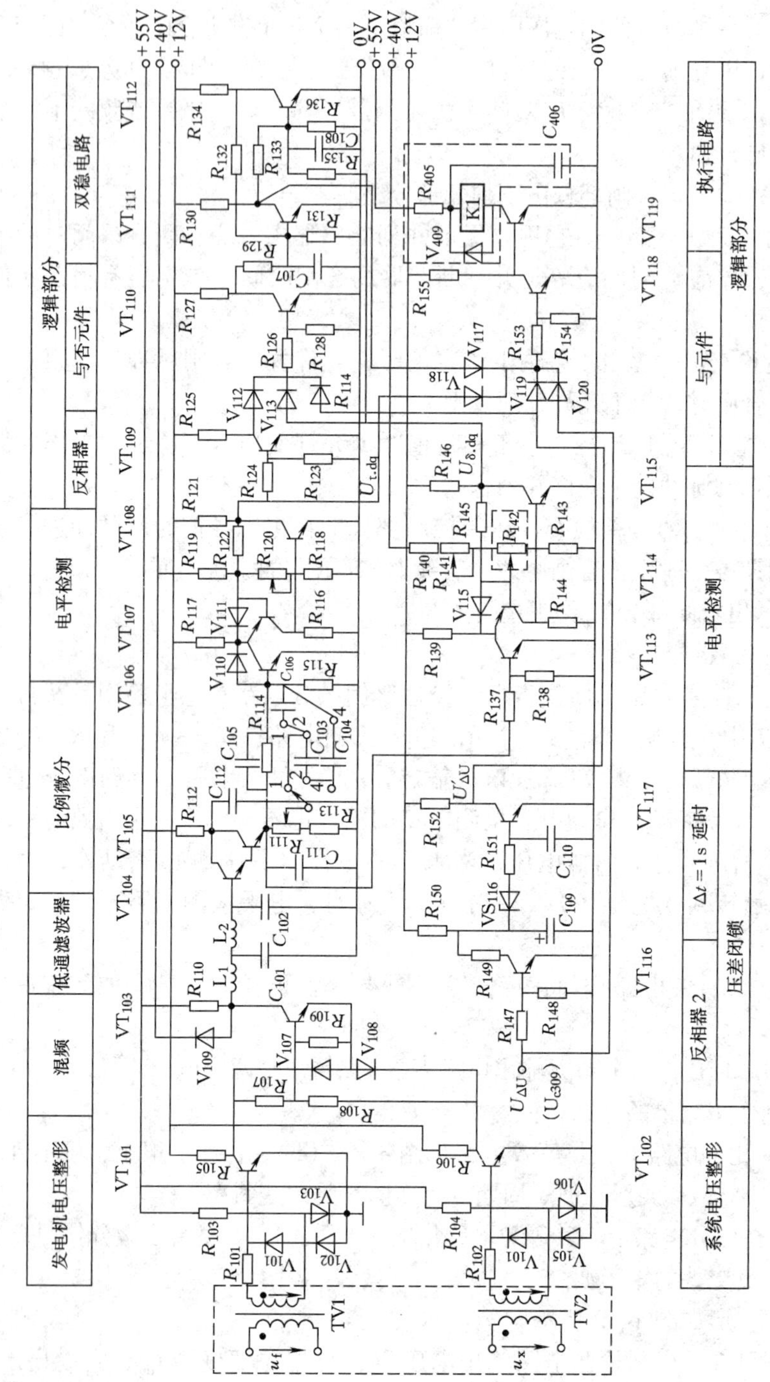
发电机电压整形
混频
低通滤波器
比例微分
电平检测
反相器 1
与否元件
逻辑部分
双稳电路
系统电压整形
反相器 2
压差闭锁
Δt = 1 s 延时
电平检测
与元件
逻辑部分
执行电路

图 4-7 合闸部分原理图

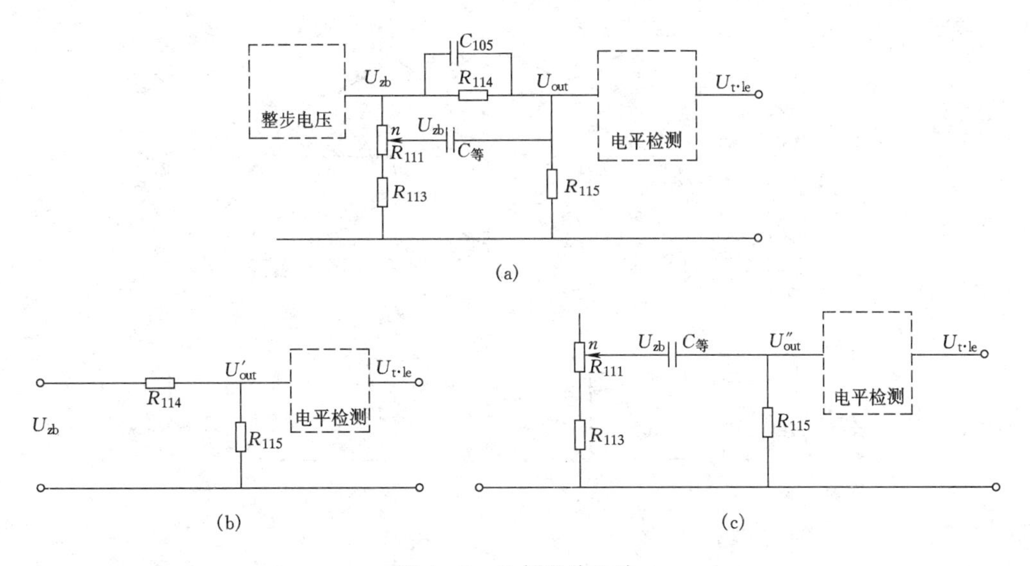

图 4-8 比例微分电路

(a) 比例微分电路简化图;(b) 比例电路等效图;(c) 微分电路等效图

只要整步电压周期 T_s 不变,(见图 4-9 前两个波)t_{dq}就不变,在 $U_{t\cdot le}$下降沿发出合闸脉冲,在 $\dot{U}_x$ 和 $\dot{U}_f$ 重合时($\delta=360°$)合闸,不会产生冲击电流。

当改变 $C_{103}\sim C_{106}$组合时,会改变矩形波幅值,比如 U_{out}''上升因动作电压 $U_{op\cdot t}$不变,将导致 t_{dq}增大。因此可以通过波段开关改变 $C_{103}\sim C_{106}$组合,获得不同的 t_{dq}。同样改变 R_{111} 抽头位置时,三角波 U_{out}'斜率会改变,也将引起 t_{dq}改变,所以 R_{111} 作为细调开关,和 $C_{103}\sim C_{106}$一起整定 t_{dq}的大小。

2. 频差检查部分

比较导前时间脉冲和导前相角脉冲发出的先后次序,可检查频差是否符合要求,所谓导前相角脉冲是指在 u_f 和 u_x 达到同相前的某一固定角度——导前相角 δ_{dq}发出的脉冲,导前相角 δ_{dq}一经整定后不发生变化。其原理如下:

对于恒定导前时间脉冲 $U_{t.dq}$而言,其导前时间 t_{dq}对应的相角可以表示为 $\delta_t=|\omega_s|t_{dq}$。令恒定导前相角按整定的滑差 $|\omega_{s.z}|$ 和导前时间 t_{dq}所对应的恒定相角来整定,即:$\delta_{dq}=|\omega_{s.z}|t_{dq}$,比较两式,有

$$\frac{\delta_t}{\delta_{dq}}=\left|\frac{\omega_s}{\omega_{s.z}}\right| \tag{4-4}$$

此式说明:当 $\delta_t<\delta_{dq}$,即导前时间脉冲晚于导前相角脉冲发出时,有 $|\omega_s|<|\omega_{s.z}|$;当 $\delta_t=\delta_{dq}$,即导前时间脉冲与导前相角脉冲同时发出时,有 $|\omega_s|=$

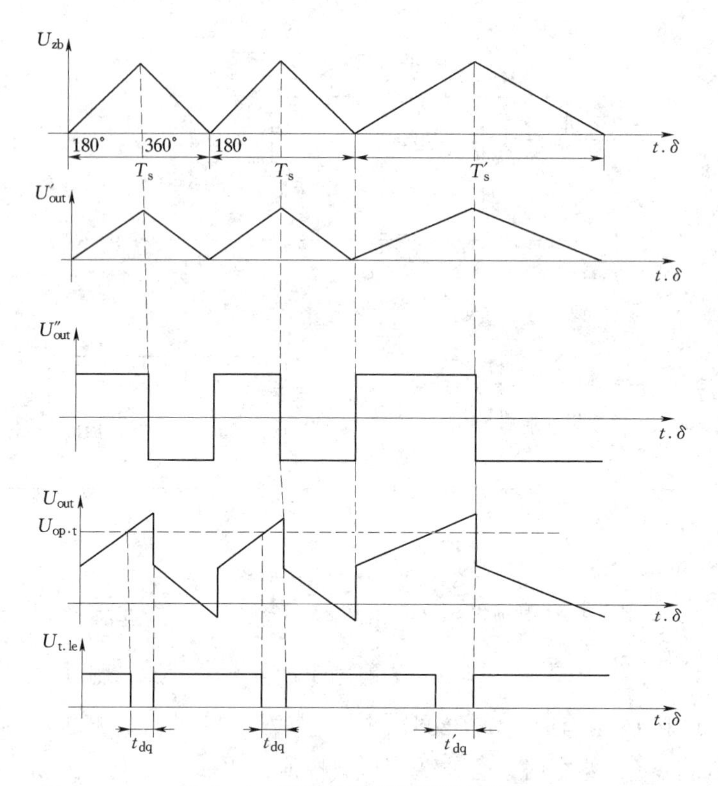

图 4－9　获得导前时间脉冲的波形

$|\omega_{s.z}|$；当 $\delta_t>\delta_{dq}$，即导前时间脉冲先于导前相角脉冲发出时，有 $|\omega_s|>|\omega_{s.z}|$。可见，比较 $U_{t.dq}$ 与 $U_{\delta.dq}$ 发出的次序，就可检查出频差是否满足要求。

图 4－7 中，VT_{105} 发射极的三角形波线性整步电压，经电阻 R_{137} 加于 VT_{113}、VT_{114} 和 VT_{115} 组成的差分式互补型触发电路上，即加于电平检测电路上，VT_{115} 集电极（$U_{\delta.dq}$）得到低电位 0V 的导前相角脉冲。可通过调 R_{142} 抽头位置整定导前相角 δ_{dq}，使 δ_{dq} 在 0°～40°范围内变化。

在取得导前时间脉冲和导前相角脉冲后，只要 δ_{dq} 按 $\delta_{dq}=|\omega_{s.z}|t_{dq}$ 整定，当 $U_{\delta.dq}$ 先于 $U_{t.dq}$ 发出时，说明频差满足要求。

3. 压差控制部分

判断待并发电机电压和系统电压之差是否在规定范围内，这一任务由调压部分完成。由调压部分输出压差检查的结果，用来控制合闸逻辑部分。当压差满足要求时，调压部分中的 VT_{309} 集电极输出电压 $U_{\Delta u}$ 为 0V，V_{120} 截止，解除压差闭锁。当压差不满足要求时，$U_{\Delta u}$ 近似为 12V，V_{120} 导通，压差闭锁起作用，闭锁合闸脉冲的发出。

需要指出，装置电源投入时，由于装置内的电容充电等原因，会引起合闸继电器触点的抖动，造成非同步合闸的可能性，为防止出现这种现象，在投入电源时发出闭锁信号，将装置闭锁 1～2s，构成投入电源闭锁，图 4－7 中的 VT_{116}、C_{109}、VS_{116}、VT_{117}等元件即为此而设。

投入电源时，若电压差满足要求，则有如下过程：

电源投入瞬间：$U_{\Delta u}=0V$→VT_{116}截止→VS_{116}不击穿→VT_{117}截止→$U'_{\Delta u}$高电位→V_{119}导通→闭锁合闸。

投入电源之后：$U_{\Delta u}=0V$→VT_{116}截止→C_{109}充电→经 1～2s→VS_{116}击穿→VT_{117}导通→$U'_{\Delta u}$低电位→解除闭锁。

可见，投入电源时，合闸是被闭锁的，经 1～2s 后闭锁才自动解除。

投入电源时，若压差不满足要求，显而易见调压部分输出的 $U_{\Delta u}$ 近似为 12V。同时 VT_{116}导通，VT_{117}截止，$U'_{\Delta u}$为高电位，实现双重闭锁合闸回路。

4. 逻辑部分

逻辑部分就是对导前时间脉冲、导前相角脉冲、压差控制信号、压差闭锁信号进行逻辑判断，满足并列条件时，发出合闸脉冲，否则闭锁合闸脉冲。

逻辑部分电路如图 4－7 所示，工作原理如下：

（1）压差大于整定值。压差大于整定值时 $U_{\Delta u}$和 $U'_{\Delta u}$均为高电位，V_{119}、V_{120}导通，VT_{118}导通、VT_{119}截止，K1 不动作，合闸回路闭锁。

（2）频差大于整定值。频差大于整定值时，导前时间脉冲 $U_{t.dq}$先于导前相角脉冲 $U_{\delta.dq}$发出，不论压差是否符合要求，K1 是不会动作的，并列断路器不会合闸。

（3）频差小于整定值。频差小于整定值情况下，$U_{\delta.dq}$先于 $U_{t.dq}$发出，在压差满足要求的条件下，K1 动作，发出并列断路器的合闸命令。当导前时间等于断路器的合闸时间时，可保证 $\delta=0°$时发电机并列。

需要指出的是，导前时间脉冲 $U_{t.dq}$仅在导前相角脉冲 $U_{\delta.dq}$低电位区间起作用，即在$+\delta_{dq}\sim-\delta_{dq}$区间起作用。在该区间外，导前时间脉冲不起作用，因此，当导前时间脉冲因故误发时，也只能在$+\delta_{dq}\sim-\delta_{dq}$区间内使 K1 继电器误动。如果 $\delta_{dq}\leqslant\delta_{yu.max}$，即使有关元件损坏而误发导前时间脉冲，此时发电机的冲击电流会被限制在允许值内。关于 $\delta_{yu.max}$，考虑到系统阻抗 X_x 的存在，可按照下式计算为

$$\delta_{yu.max}\approx\arccos\left[1-0.0621\left(\frac{X''_q+X_x}{X''_d}\right)^2\right] \tag{4-5}$$

只要导前相角 δ_{dq}（或作为自动准同步装置合闸脉冲回路中闭锁用的同步检查继电器的返回角）小于 $\delta_{yu.max}$，在有关元件损坏而误发导前时间脉冲的情况下，发电机不会承受过大冲击电流。

4.3.2　调频部分

调频部分的作用在于鉴别频差方向，当发电机频率高于系统频率时，应发减速脉冲。当发电机频率低于系统频率时，应发增速脉冲。这种减速或增速脉冲给至机组调速器上。从而降低或升高机组转速，使发电机频率趋近于系统频率。显然，由于频差检查是在 $180° \leqslant \delta < 360°$ 进行，调速脉冲应在 $0° \leqslant \delta < 180°$ 区间内发出。为使发电机频率能迅速接近系统频率，而又不至于过调，要求调速性能应是按比例的，即当频差较大时（T_s 较短），在单位时间内送出的调速脉冲数相应增多，而当频差减小时，在单位时间内送出的调速脉冲数也随之减少。为适应不同类型调速机构的性能，调速脉冲的宽度应是可调的。

其次，当发电机电压与系统侧电压间频差很小时（小于0.05Hz），将可能出现同步不同相的现象，并列合闸过程将拖得很长。为扭转这种局面以加快并列过程，调频部分应以一定的周期发出调速脉冲（增速脉冲）。

为达上述要求，调频部分由以下两部分组成。

（1）频差方向鉴别部分。鉴别出发电机频率和系统频率差值的方向，从而相应发出减速或增速脉冲。

（2）调速脉冲形成部分。δ 角在 0～180°区间内，发出宽度可以调整的调速脉冲，当频差在0.05Hz以下时，发增速脉冲。

图4-10示出调频部分原理图。

1. 频差方向鉴别部分

因频差检查是在 $180° < \delta < 360°$ 区间内进行的，所以调频脉冲应在 $0° < \delta < 180°$ 区间发出，因而频差方向也应在这区间内鉴别出来。为了检出频差方向，需要寻找 $f_f > f_x$ 和 $f_f < f_x$ 两种情况的不同规律。ZZQ—5型自动同期装置鉴别频差方向的工作原理如下：

在图4-11中，[u_f]、[u_x] 是 u_f、u_x 的方波，由图看出，[u_f] 和 [u_x] 的后沿与 [u_x] 和 [u_f] 电平的对应关系在一定的 δ 区间内随频差方向而变化，其规律如下：

当 $f_f < f_x$ 时，在 $0 < \delta < 180°$ 区间内，[u_x] 的后沿与 [u_f] 的高电平对应，而 [u_f] 的后沿与 [u_x] 的低电平对应；当 $f_f > f_x$ 时，在 $0° < \delta < 180°$ 区间内，[u_x] 的后沿与 [u_f] 的低电平对应，[u_f] 的后沿与 [u_x] 的高电平对应。

因此，要鉴别频差方向，就要检出 $0° < \delta < 180°$ 区间，同时再检出 [u_f] 和 [u_x] 的后沿及其电平的对应关系即可。

图4-10中 C_{201}、C_{202} 为微分电路的微分电容。VT_{201}、VT_{202} 组成了反相器。

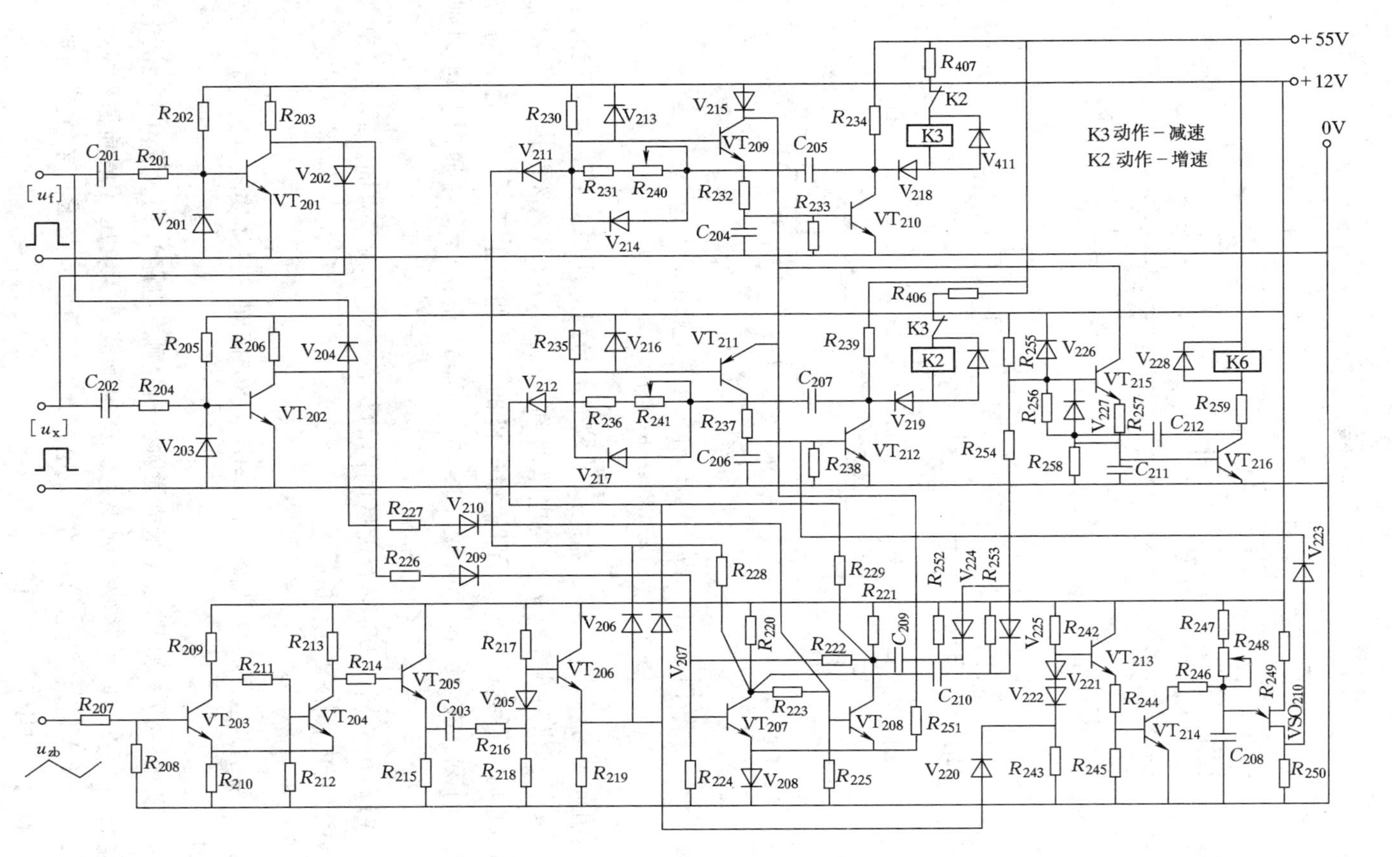

图 4-10 调频部分原理图

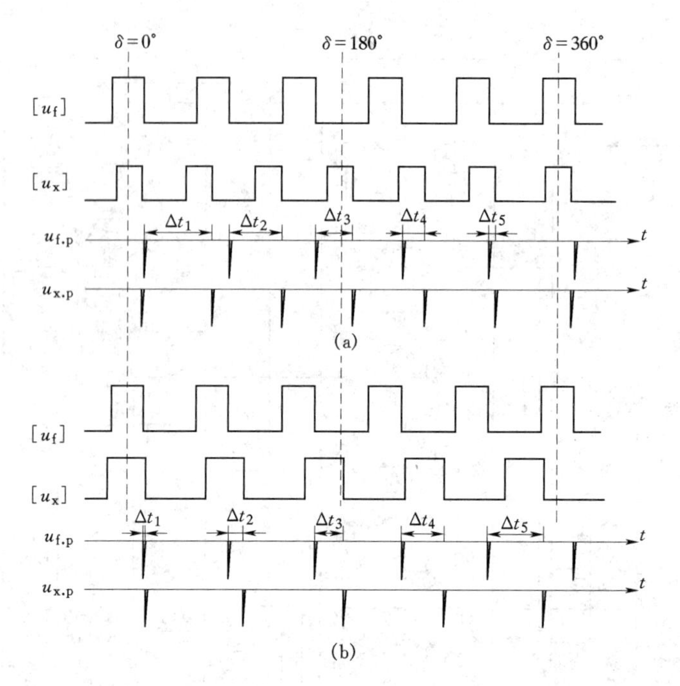

图4－11 $[u_f]$ 和 $[u_x]$ 以及相应脉冲波形

（a）$f_f<f_x$；（b）$f_f>f_x$

VT_{201}、V_{202}组成了与门，VT_{202}、V_{204}组成了另一个与门。所以，VT_{201}集电极的正脉冲发生于 $[u_f]$ 后沿对应于 $[u_x]$ 高电平时刻，在 $0°<\delta<180°$ 区间内，当 VT_{207}导通、VT_{208}截止时，可判别 $f_f>f_x$；VT_{202}集电极的正脉冲发生于 $[u_x]$ 后沿对应于 $[u_f]$ 高电平时刻，在 $0°<\delta<180°$ 区间，当 VT_{207}截止、VT_{208}导通时，可判别为 $f_f<f_x$。

显然，VT_{207}和 VT_{208}在 $0°<\delta<180°$ 区间内的状态反映了频差方向。同时指出，在 $180°<\delta<360°$ 区间内，情况与上相反。

2. 调速脉冲形成部分

（1）区间鉴别。区间鉴别是检查出 $\delta=0°\sim180°$ 区间，具体实现方法是在此区间内形成脉冲。

在图4－10中，VT_{203}和 VT_{204}（组成为射极耦合触发电路）构成了电平检测电路。VT_{205}、VT_{206}和 C_{203}等构成了脉冲形成电路。三角形波整步电压（最高值对应于 $\delta=0°$）经过 R_{207}加于 VT_{203}、VT_{204}组成的触发电路上，三角形波电压 u_{zb}在上升阶段，若未达触发电路动作电压 U_d，则有：

$u_{zb}<U_d$ 时→VT_{203}截止、VT_{204}导通→VT_{205}通→C_{203}左侧呈 12V 电位。VT_{206}经 V_{205}支路提供基流导通→C_{203}右侧呈接近 12V 电位。故 C_{203}上无电压，VT_{206}之 c 极呈高电位 12V。

三角形波电压 u_{zb}逐渐上升到触发电路动作电压 U_d（约在 $\delta=0°$前的 50°左右）时，则有：u_{zb}↑至 U_d 时（$\delta=0°$前 50°）→VT_{203}通、VT_{204}止→VT_{205}止→VT_{206}保持导通→C_{203}经 V_{205}、R_{216}、R_{215}充电到接近 12V（极性为右正左负）。VT_{206}之 c 极仍呈高电位 12V。显然，$u_{zb}>U_d$ 区间，电路状态保持不变。

当 u_{zb}下降到 U_d 时（约在 $\delta=0°$后的 50°左右），触发电路开始返回。此时有：

u_{zb}↓至 U_d 时（$\delta=0°$后的 50°）→VT_{203}止、VT_{204}通→VT_{205}通→C_{203}右侧电位突升至 24V→VT_{206}止→集电极电压为 0V。

C_{203}经 VT_{205}之 ec 极、R_{216}、R_{218}反充电（放电）→C_{203}右侧电位逐渐下降→经一定时间→VT_{206}通→集电极电压又升为 12V。

可见，在 $\delta=0°$后的 50°左右，VT_{206}之 c 极送出一个低电位窄脉冲，显然该脉冲处在 $0°<\delta<180°$区间。触发电路返回后，电路的状态即为 $u_{zb}<U_d$ 时的情况。

由图 4-10 显然可以看出，VT_{206}之 c 极低电位窄脉冲可用来实现区间鉴别。又因该脉冲以 T_s 为周期（每次在 $\delta=0°$后的 50°形成），所以在单位时间内，频差大时脉冲数多，频差小时脉冲数少，实现了按比例调节的要求。

（2）脉冲展宽。由于 VT_{206}之 c 极低电位窄脉冲很窄，为了获得一定宽度的调速脉冲，应有脉冲展宽电路。

因在 $0°<\delta<180°$区间，VT_{207}导通表示 $f_f>f_x$，故 VT_{206}之 c 极与 VT_{207}之 c 极通过 V_{206}、R_{228}组成低电位动作的与门起动减速脉冲回路。在上述 δ 区间内，VT_{208}导通表示 $f_f<f_x$，故 VT_{206}之 c 极与 VT_{208}之 c 极通过 V_{207}、R_{229}组成低电位的动作与门起动增速脉冲回路。

VT_{209}、VT_{210}、C_{205}等组成减速脉冲展宽电路。当 V_{211}输入高电位+12V 时，VT_{209}、VT_{210}截止，C_{205}通过下列支路充电：

+55V→R_{407}→K3 继电器线圈→V_{218}→C_{205}→V_{214}→V_{213}→+12V

充到约 40V 的电压，电容上的电压极性为右正左负，K3 不动作。

当 V_{211}输入低电位窄脉冲时，VT_{209}、VT_{210}导通，继电器 K3 动作，发出减速脉冲。在 VT_{209}、VT_{210}导通瞬间，C_{205}通过下列支路反充电：

+12V→V_{215}→VT_{209}射基极→R_{231}+R_{240}→C_{205}→VT_{210}集电极→0V

可见，在放电期间，VT_{209}、VT_{210}保持导通，K3 处于动作状态。改变 R_{240}大小，可使减速脉冲宽度在 0.1～0.4s 范围内进行调整，显然脉冲已被展宽。

增速脉冲展宽电路的工作原理与减速脉冲电路相同。为防止减速继电器和增速继电器同时动作，K3 和 K2 回路分别接入 K2、K3 动断触点以达互相闭锁的目的。

应当指出，由于不同机组调速器特性不同，当调速脉冲宽度过宽或过窄时，会出现过调或欠调，使机组转速长时间达不到要求，拖长并列时间。因此，调速脉冲宽度应与机组调速器特性相配合。对于有些调速器，由于其增速特性与减速特性不同，所以增速脉冲宽度和减速脉冲宽度应分别调整。

由以上分析可见，调速脉冲是在$\delta=0°$之后的50°瞬间发出的，在一个频差周期的其余时间内调频部分是被闭锁的，故调频部分的抗干扰能力较好。

3. 频差过小时自动发增速脉冲

当u_f和u_x频率相同时，上述调速回路不发调速脉冲。若频差很小（如小于0.05Hz），则上述调速回路每隔20s以上才能发出一个调速脉冲，故发电机的并列时间太长。为此，须设置当频差过小时按整定时间间隔发增速脉冲的电路。VT_{213}、VT_{214}、VSO_{201}等元件即为此而设。

VT_{206}之c极处于高电位+12V时，借助V_{220}的钳位作用，VT_{213}、VT_{214}截止，C_{209}经R_{247}、R_{248}充电。当VT_{206}之c极以T_s为周期每次在$\delta=0°$之后的50°发出低电位窄脉冲时，VT_{213}、VT_{214}导通，C_{208}通过R_{246}、VT_{214}集射极放电。显然，当T_s小于整定周期（C_{208}充电到VSO_{201}峰点电压时间）时，C_{208}充电来不及充到VSO_{201}峰点电压值，R_{250}上不会形成脉冲；当T_s大于整定周期时，C_{208}充电来得及充到VSO_{201}峰点电压，R_{250}上得到正脉冲，起动增速脉冲展宽电路，发出增速脉冲。如整定周期为20s，则该回路在频差小于0.05Hz时就能起动增速脉冲回路，并且发出的增速脉冲数在一个频差周期内至少为一个（频差愈小时，发出的个数愈多）。

4.3.3 调压部分

调压部分的作用在于鉴别压差方向，从而发出相应的降压或升压脉冲，使发电机电压趋近系统电压。当压差满足要求时，自动解除合闸部分的压差闭锁。

由于各种不同的励磁调节器调压特性不一，所以要求调压部分发出的调压脉冲宽度应该是可调的。

调压部分的原理图如图4-12所示，由压差方向鉴别、调压脉冲形成、电压差闭锁等部分组成。

1. 压差方向鉴别

在图4-12中，VT_{301}、VT_{302}构成差分放大电路，作为电平检测电路1。VT_{303}、VT_{302}构成另一差分放大电路，作为电平检测电路2。显然，电平检测电路1和2的

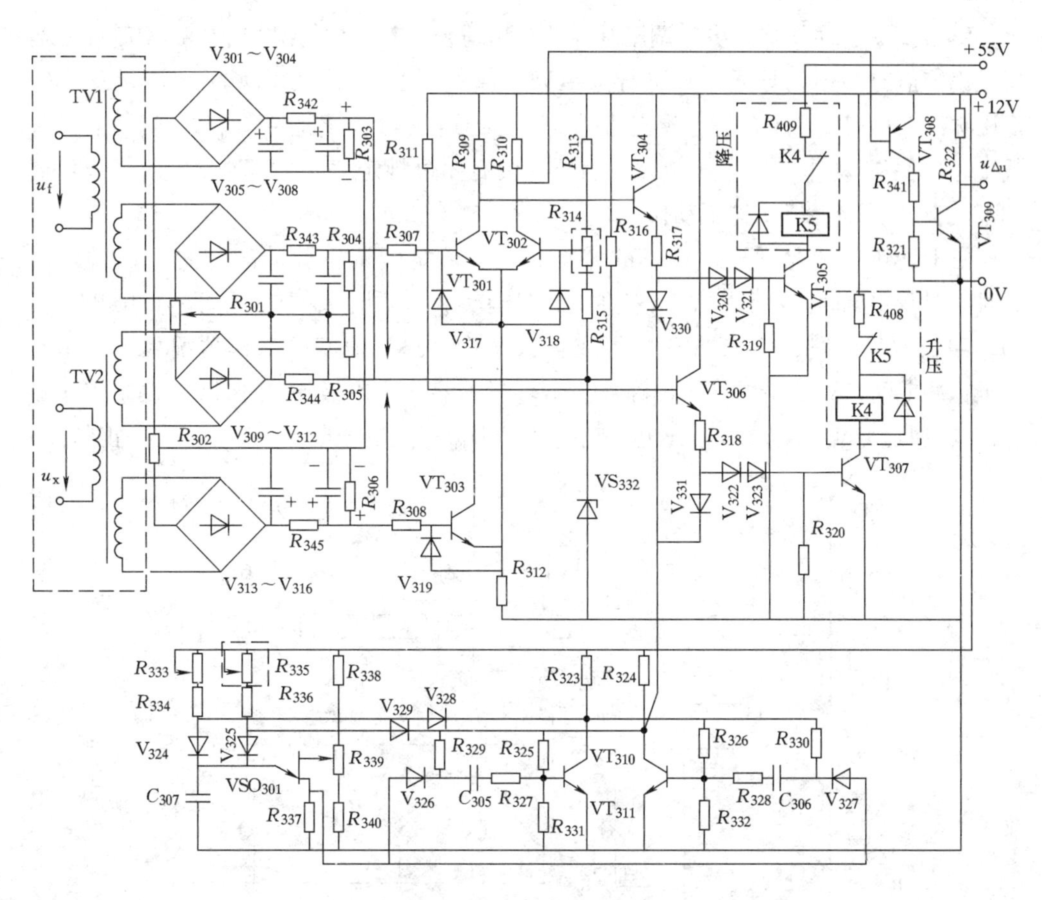

图 4－12　调压部分原理图

动作电压（即：允许电压差）可通过改变 R_{314} 抽头位置来调整。

电平检测电路 1 动作，即 VT_{301} 导通、VT_{302} 截止，表示 U_f 高于 U_x 且压差超过规定值；电平检测电路 2 动作，即 VT_{303} 导通、VT_{302} 截止，表示 U_f 低于 U_x 且压差超过规定值。如果电平检测电路 1 和 2 均不动作，即 VT_{301} 和 VT_{303} 截止、VT_{302} 导通，则表示压差小于规定值。显然，根据 VT_{302} 和 VT_{303} 的导通与否，可鉴别压差方向和压差是否超过规定值。

2. *压差闭锁和调压脉冲的形成*

VT_{308}、VT_{309} 组成压差闭锁，当压差超过规定值时，VT_{302} 截止→VT_{308} 截止→VT_{309} 截止→$U_{\Delta u}=12V$→闭锁合闸脉冲。当压差没有超过规定值时，VT_{302} 导通→VT_{308} 导通→VT_{309} 导通→$U_{\Delta u}=0V$→解除压差闭锁。

K4 或 K5 的动作状态决定调压脉冲的给出与否，其工作情况如下：$U_f>U_x$ 且压差超过规定值时→VT_{301} 导通→VT_{304} 导通→VT_{305} 导通（当 VT_{311} 截止时）→K5 动作→发降压脉冲。$U_f<U_x$ 且压差超过规定值时→VT_{303} 导通→VT_{306} 导通→VT_{307} 导通（当 VT_{311} 截止时）→K4 动作→发升压脉冲。当压差没有超过规定值时，VT_{304}、VT_{305}、VT_{306}、VT_{307} 均截止；K4 和 K5 均不动作。

由上述工作情况可知，VT_{311} 的截止时间也就是发调压脉冲的时间，VT_{311} 导通的时间是停止时间，所以 VT_{311} 控制着调压脉冲的宽度和间隔时间。其中 VT_{310}、VT_{311} 组成双稳电路，C_{307}、VSO_{301} 组成弛张振荡电路，他们的工作情况如下：在发调压脉冲期间，VT_{310} 导通、VT_{311} 截止，V_{328} 导通将 V_{324} 阳极钳位于 1V 左右，V_{324} 截止，C_{307} 通过 R_{335}、R_{336}、V_{325} 充电，充电到 VSO_{301} 峰点电压时，R_{337} 上形成一正脉冲。

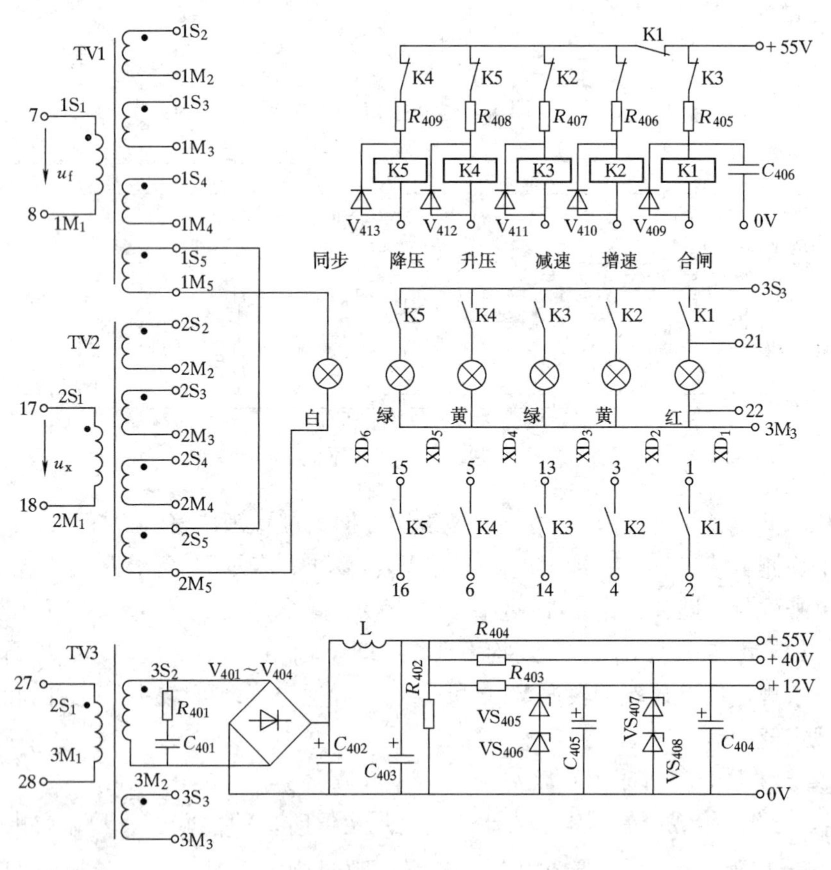

图 4-13　电源出口和信号部分

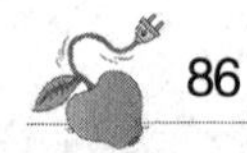

此正脉冲经二极管 V_{327} 加于 VT_{311} 的基极上，双稳态翻转，VT_{311} 导通，调压继电器返回进入停止阶段。可见，调整 R_{335} 可改变调压脉冲宽度（可在 0.25 ~ 2s 范围内调整）。进入调压脉冲间隔时期，VT_{310} 截止、VT_{311} 导通，V_{329} 导通将 V_{325} 阳极钳位于 1V 左右，V_{325} 截止，C_{307} 通过 R_{333}、R_{334}、V_{324} 充电，充电到 VSO_{301} 峰点电压时，R_{337} 上又形成一正脉冲。此正脉冲经二极管 V_{326} 加于 VT_{310} 基极上，双稳翻转，又开始发调压脉冲。显然，调整 R_{333} 可改变调压脉冲间隔时间（可在 3 ~ 6s 范围内调整）。这样，C_{307} 交替的以（R_{335}+R_{336}）和（R_{333}+R_{334}）支路充电，控制着调压脉冲的宽度和间隔时间。实际上，间隔时间也就是观察上一调压脉冲效果的时间。

4.3.4 电源部分

图 4 - 13 示出装置的电源、出口和信号等部分。TV3 由系统侧电压互感器供电，若系统侧电压互感器容量不够也可由其他辅助电源供电。装置直流电源有三种，经整流滤波后获得+55V，采用参数式稳压得到+40V 和+12V。

4.4 数字式并列装置

用布线逻辑电路构成的自动准同步装置，只能采用比较简单的控制规律，如恒定超前时间规律。它采用脉动电压作为输入信息，脉动电压是机组电压与系统电压的相量差。曾经有学者对此进行了较深入的研究，认为它不能保证同步并列的高性能，理由是脉动电压的包络线是非线性的，与两个同步电压（机组电压和系统电压）的幅值差有关。因此，实际的超前时间并不是恒定的，而与滑差和电压差值有关。

为了满足前面提到的允许误差要求，必须采用更为复杂的调节控制算法和确定发断路器关合命令时刻的算法，这些是布线逻辑式准同步装置无法完成的。此外，布线逻辑装置采用元件较多，调试困难，运行过程中整定的参数会发生变化，因此可靠性不够高。再者，发电机运行过程中，断路器关合时间会发生变化，布线逻辑装置无法与之相适应，从而产生关合误差。此外，这些装置不能快速捕捉关合时机，延长了同步并列的过程，这也是电力系统所不希望的。特别是在系统发生严重事故、系统频率和电压发生急剧变化时，问题更为严重，并列时间更长，而此时，电力系统正需要机组迅速并入系统带负荷。由于上述原因，人们开始转向计算机同步装置。

早在 20 世纪 70 年代末，美国大古力水电厂的 600MW 发电机就曾采用小型计算机构成的准同步装置。后来，国内外出现了一批以微机构成的同步装置。现在，水电机组采用微机同步装置进行控制已得到普及。

4.4.1　总体结构

采用计算机同步装置时，其控制规律是用软件来实现的。计算机同步装置的系统结构可以用图4-14来表示。

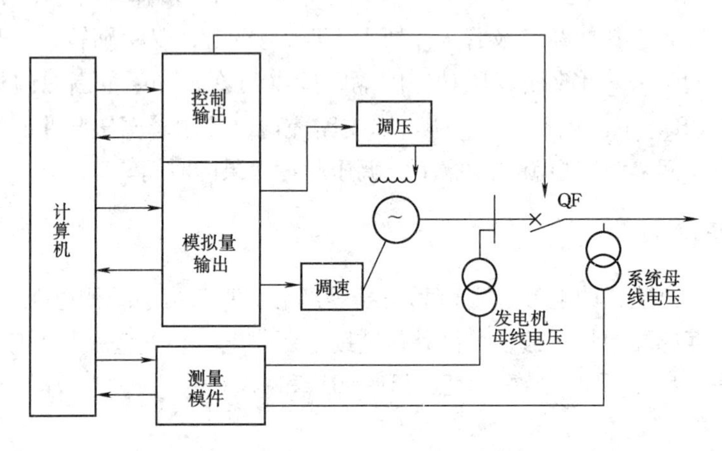

图4-14　计算机同步装置系统结构图

计算机通过测量模件采集所需的信息（发电机电压、系统电压），不断地对同步的三个条件（频率差、电压差、相位差）进行计算和校核。不满足时发出相应的调速和调励磁命令，通过调速器和励磁调节器调整机组的转速和电压，使上述条件得到满足。一旦满足后，即发出断路器关合命令，实现机组的同步并列。

通常，计算机同步装置是作为独立设备存在的。过去。为了节约投资，采用几台机组合用一套或两套同步装置。随着机组容量的增大和计算机价格的下降，现在基本上都是设置各自的计算机同步装置。

4.4.2　测量

计算机同步装置要测量的值有电压差、频率差和相位差。由于快速并列要求，计算机同步装置都有自己独立的快速测量模件，不与机组的电量检测部分共用。此外，有的装置还有实际测定断路器关合时间的功能，以适应机组运行过程中断路器关合时间发生变化的情况。

1. 电压差的测量

最简单的办法是将发电机电压和系统电压分别整流，再将整流后的值相减，即可得电压差。这种方法比较简单，但要有相应的整流电路，还带来一定的延时。新的测量方法是直接测电压的波形，即多点采样电压的瞬时值，这样可以省去整流电路，消

除整流电路的延时。其工作原理为，根据采样得到的电压波形瞬时值，采用逐个比较的方法求出其最大值，这实质上是采用编写程序的方法计算电压差的幅值。此时，要有一个高频的采样频率，一般取 8kHz 左右，可能产生的最大理论误差约为 0.04%。

2. 相位差的测量

相位差的测量可采用脉冲计数法，其基本原理可用图 4－15 说明。

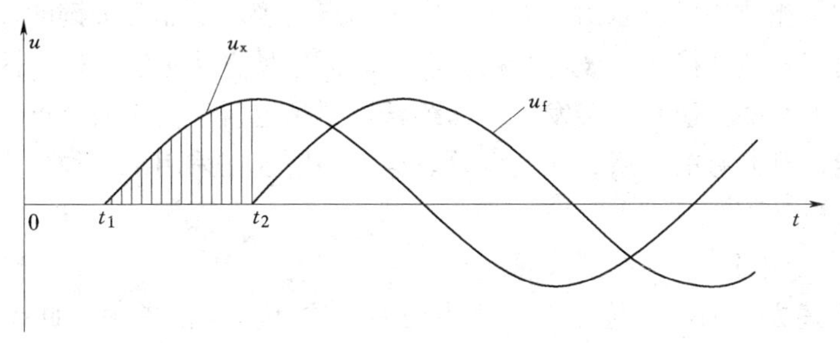

图 4－15 同步过程中脉冲计数测相位差

t_1—开始计算时刻；t_2—停脉冲计数时刻；

u_x—系统电压；u_f—发电机母线电压

系统与待并列机组之间电压的相位差是通过计算两个电压波正向过零点之间的高频基准脉冲数获得。这一高频基准脉冲可取自计算机内部的时钟脉冲。通过的脉冲数越多，相位差越大，如果脉冲数为零，表示相位差为零。计数方法如下：

（1）当系统电压正向过零时，一个触发器触发，打开计数门，放入高频基准脉冲，计数器开始计数。

（2）当待并发电机电压正向过零时，触发器复归，关断计数门，停止放入高频脉冲，计数器内留下的数表示相位差。

但是，采用上述方法测量存在一个问题，即当发电机电压相位超前系统电压相位时，测出的相位差会很大，而实际的相位差并没有那么大，具体见图 4－16。

当发电机电压相位滞后系统电压相位时，α 角显示相位差是正确的。当发电机电压相位超前系统电压相位时，α 角显示相位差是不正确的，实际的相位差应是 $\beta = 360° - \alpha$。如果不采取措施，就会误认为相位差太大，不宜进行同步并

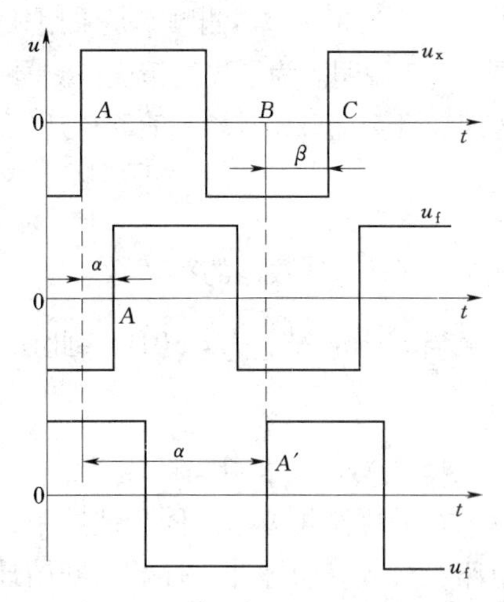

图 4－16 发电机电压滞后和超前系统电压相位时的波形图

u_x—系统电压；u_f—发电机电压

列，延误并列时间。这可采用以下方法来修正：

（1）如发电机电压正向过零时系统电压为正，则测量系统电压正向过零点到发电机电压正向过零点之间的相位差。

（2）如果发电机电压正向过零时系统电压为负，则测量发电机电压正向过零点到系统电压正向过零点之间的相位差。

从上述测量相位差可以看出，电压正向过零点的确定是非常关键的。一般采用波形变换电路将正弦波转换成方波进行槛值测量。但这种方法不够精确，因为这种转换要在电压比零大某一槛值时才会发生，即跳跃点要稍迟后于真正的零点。而且这种跳跃也不够稳定，可能有前有后，导致误差。这一问题现在采用了一种多点采样插值的方法获得了解决。

3. 频率差的测量

（1）用上述方法测得相位差，计算出前后两次相位差的差值，此差值即为频率差。如果后一次计数（相位差）比前一次计数大，这说明发电机电压滞后系统电压的相位越来越大，即发电机频率低于系统频率，此时，定义频率差为正；反之，后一次计数比前一次计数小，即发电机电压滞后系统电压的相位越来越小，说明发电机频率高于系统频率，频率差为负。如果前后两次计数相等，说明相位差保持不变，发电机频率与系统频率相等，频率差为零。

（2）也可以不测相位差，直接测频率。直接测量相应电压的频率，再求它们之间的差，即为频率差。测频率是采用软件鉴零的方法测量电压正弦波的周期，具体做法如图4－17说明。为了提高精度，测量4个周期。采样频率可取8kHz。第一次电压正向过零时，计数器开始计数，直至电压第5次正向过零时中止。此时，被测频率的计算为

$$f=\frac{\text{采样频率}\times\text{周期数}}{N}=\frac{8000\times 4}{N}=\frac{32000}{N} \qquad (4-6)$$

式中　N——计数器的存留数。

当$N=640$时，$f=50\text{Hz}$。此法的误差为1位最低位，即$\pm\frac{1}{640}$，相当于±0.2%误差。

4. 断路器关合时间的测量

在采用测相位差的同步装置中，可以在发出合闸命令后，通过触发器触发计数门电路，放入基频脉冲，计数器开始计数，而关合后的相角差为零，此时另一触发器触发，关断计数门电路，从而可以根据记录情况来计算断路器的实际关合时间。

断路器关合时间不是一成不变的，即使实测了这一次的关合时间，也不能保证下一次的关合时间就等于这一次的关合时间。因此，要准确测定该时间的话。就必须对

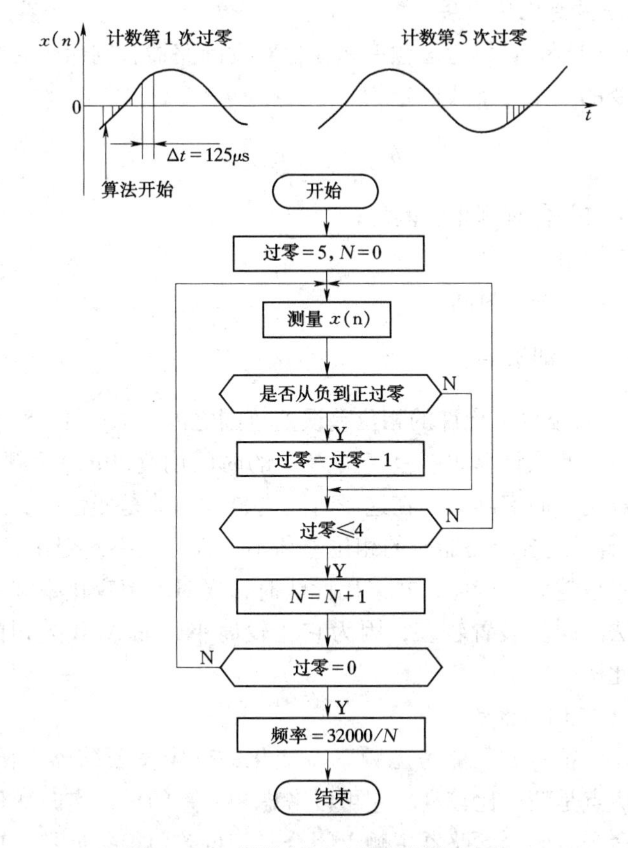

图 4-17　根据电压正弦波形测定频率

关合时间进行预测，以提高其精确性。

通过对关合时间的分析可知，影响关合时间的因素有两个，一个是随时间和动作次数增加而缓变的分量，另一个是与传动机构的间隙、电源或油压波动及执行继电器、接触器等有关联的随机分量。随机分量的统计规律较复杂，用一般随机统计方法预测关合时间会产生较大的误差。

4.4.3　断路器合闸命令发出时刻的确定

当同步并列条件得到满足以后，就要捕捉同步并列的时机，即确定何时发出关合断路器脉冲。对发出断路器合闸命令时刻的要求是，断路器合闸命令发出后，经过一段时间（关合时间），断路器主触头闭合，要求闭合时刻相位差正好等于零。这样，对机组和系统都不会有冲击。确定发断路器合闸命令时刻的方法如下：

1. 不考虑频率差变化的方法

早期的计算机同步装置不考虑频率差变化对发断路器合闸命令时刻的影响，此时发关合断路器命令的时刻按下式确定为

$$\theta_y = \theta_d + T\frac{d\theta}{dt} \tag{4-7}$$

式中 θ_y——预期的关合时刻相位差角；

θ_d——当前的相位差角；

T——断路器的关合时间；

$\frac{d\theta}{dt}$——频率差，即滑差。

希望 θ_y 为零，或至少在允许的相位差误差范围之内，如小于2°。

这种算法假定在两次计算频率差（滑差）的时间内（20ms），频率差是恒定的，不考虑加速度的影响。而实际上，在这段时间内，频率差是变化的。因此，根据上式算出的 θ_y 往往与实际关合断路器时的相位差角不一致。频率差变化（加速度）越大，误差也越大，冲击也越大。因此，在采用此法时，要对频率变化率有一定的限制。

采用这种方法的同步装置较多，因为它比较简单，如 ABB 公司的 RES010 微机同步装置就采用此法。

2. 考虑频率差变化的方法

目前已有了比较精确的、能考虑频率差变化的确定发断路器合闸命令时刻的方法。这种算法的优点是精度比较高，它可以考虑频率差的任意实时变化。根据此法确定发断路器合闸命令时刻，断路器主触点闭合时相位差角很接近零。缺点是，计算量比较大，程序复杂，要求采用高性能的微机。近年来，也有人提出应用预测理论来确定发断路器合闸命令的时刻。

4.4.4 计算机同步装置实例

近年来，我国自己研制了一些计算机同步装置，如电力自动化研究院研制的 SJ—11 型和 SJ—12 型微机同步装置，深圳市智能设备开发有限公司研制的 SID—2V 型多功能微机准同步控制器等。也从国外引进了一些微机同步装置，如 ABB 公司的 RES010 微机同步装置。

1. SJ—11 型微机同步装置

SJ—11 微机同步装置为并联双机系统，从同步变压器（即电压互感器）后双机相对独立，输出信号经继电器触点相与后输出。输入、输出间两机硬件相互独立，由 CPU 片上的串行口实现同步，这样可以提高装置的可靠性。

（1）硬件。SJ—11 型微机同步装置的电路原理示意图如图 4－18 所示。

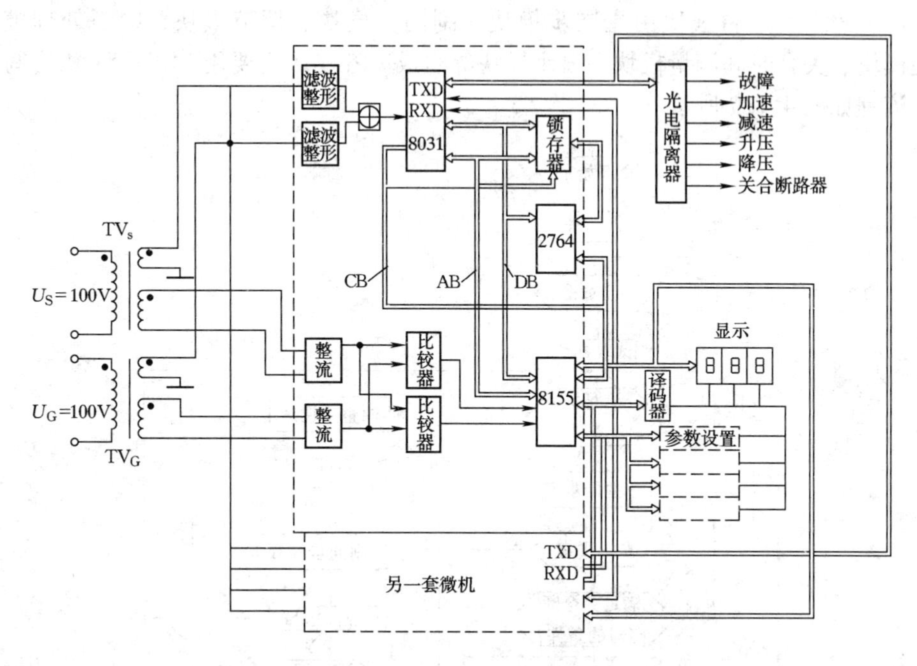

图 4－18　SJ—11 微机同步装置原理示意图

CPU 采用 INTEL8031 单片机。电路可分输入部分、输出部分、主机电路、显示部分和参数设置部分。

输入部分主要由频差测量和电压差测量电路组成。频差测量电路将系统电压 U_S 和机组电压 U_G 分别滤波整流为与各自频率成反比例的方波信号，再将此两信号相异或形成与相角差成正比的矩形波送至 CPU 的中断口，供 CPU 测量相角差的大小。电压差测量电路是将 U_S、U_G 两电压分别整流形成与各自电压幅值成正比的直流电压信号，经比较器决定电压差值。

输出电路主要是光电隔离器。由 CPU 片上输出的调节、断路器合闸命令、故障信号全部经光电隔离器送至外部，既可驱动继电器亦可与外部电器耦合。

主机电路由 8031、LS373、2764、8155 等芯片组成。相角差直接由 CPU 中断口测量获得，CPU 还负责输出信号管理及与并联的另一 CPU 的通信。8155 负责电压差的测量、显示和参数整定电路的管理。

显示部分由三片七段 LED 组成。可显示整定参数、关合时间、故障信息等。参数整定电路由四级 DIP 开关组成，分别整定关合时间、调节脉宽、调速周期、调压周期等，以便现场可灵活设置参数。

装置既可与上位机相连作为一台智能终端，亦可作独立装置使用。

（2）软件。软件模块由主同步模块、副同步模块、调节模块、中断处理模块、自检模块、关合时间测量模块和显示模块等组成。各模块主要用 PLM—51 语言写成。软件流程如图 4－19 所示。

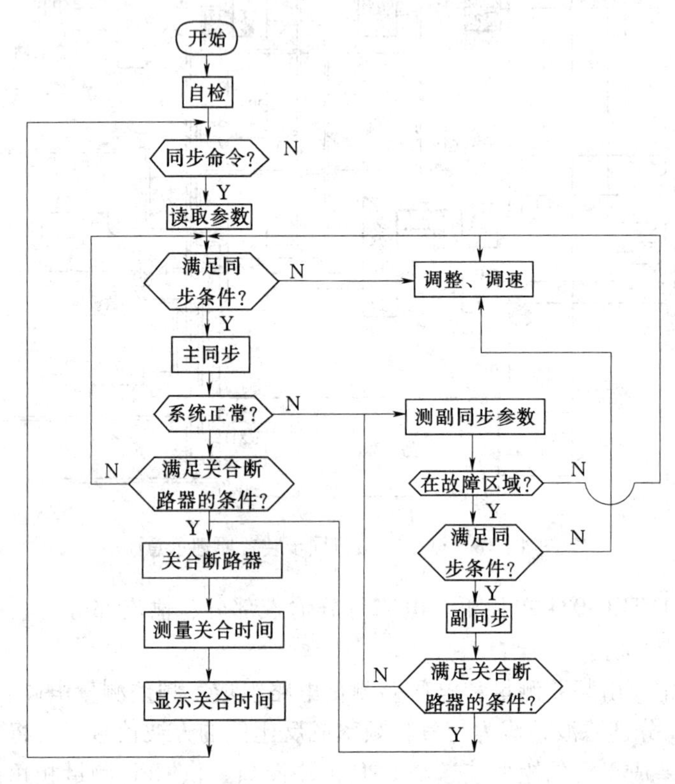

图 4－19 SJ—11 型微机同步装置软件流程图

装置采用预测理论来预测相位差角，并根据此预测的相位差角确定发断路器合闸脉冲的时刻。还采用灰色预测理论来预测断路器关合时间。装置的主要参数如下：

允许关合的最小频率差周期为 1s，可由软件整定。允许的电压差由硬件整定，在±10% 范围内可连续调整。当频率差周期为 1s 时，关合相位差应小于 1°。允许发出断路器合闸脉冲的关合闭锁角为 0～170°，由软件整定。装置允许在频率差一阶导数$\frac{df_s}{dt}\leqslant 0.5\text{Hz/s}$，频率差二阶导数$\frac{d^2f_s}{dt^2}\leqslant 1\text{Hz/s}^2$ 范围内进行同步。在系统故障时的同步，允许频率波动周期≥2s，幅值≤1.5Hz，电压波动周期≥0.5s，幅值≤10%。

SJ—12 型为 SJ—11 型的改进型微机同步装置。

2. ABB 公司的 RES010 微机同步装置

（1）系统结构。RES010 同步装置是由微机构成的，其系统结构如图 4－20 所示。

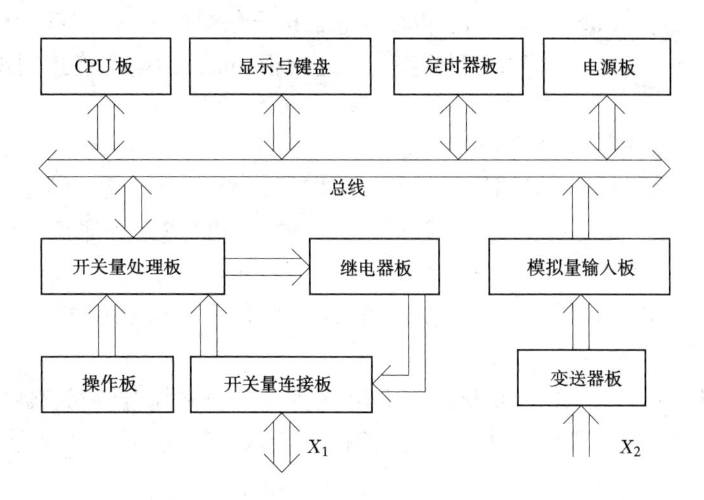

图 4－20　RES010 同步装置系统结构图

（2）硬件配置。具体如下：

1）CPU板（CM019）。CPU 采用 Intel 公司生产的 8 位微处理器芯片 P8085 AH—2，6MHz 主频，可寻址 64K；EPROM 采用两块日本富士通生产的 8 位 32K 芯片 MBM27C256A—20—X，用于存储程序，程序已由厂家写入，可更换、升级；E^2PROM 采用 SEEQ 技术有限公司生产的 8 位 24K 芯片 DE2817—250，用于参数的存储；其他芯片 D8156H—2（随机存储器输入/输出定时器）、D8259—2（优先中断控制器）均为 Intel 公司产品。

2）显示与键盘板（CM014）。采用 Intel 公司生产的 P8279—5 硬盘接口控制芯片与总线连接；8 位数码显示，20 键操作键盘。

3）定时器板（TX003）。采用 3 块 Intel 公司生产的 P8255A—5 外围接口芯片构成。

4）电源板（CB528）。采用开关稳压电源。

5）开关量处理板（VM007）。采用 Intel 公司生产的 P8255—5 外围接口芯片与总线连接。

6）模拟量输入板（UV008）。采用美国模拟器件公司生产的 12 位 A/D 转换芯片 AD574 AJN。

7）操作板（MR006）。用于面板上的 TEST/AUTO、RESET、START 信号输入。

8）继电器板。有两块继电器板（LR089. LR090），用于开关量的输入，继电器选用西门子产品。

9）开关量连接板（BS002）。用于开关量与现场连接及抗干扰处理。

10）变送器板（BS002）。用于电压互感器电压信号的输入与变送。

另外还有两个 36 针的 AMP 型插座，通过两根 3m 长的电缆连接到现场回路的接线端子上。

（3）输入/输出信号。其中：

1）模拟量输入（AI）信号：

U1—1：0～160V AC，50Hz 或 60Hz，可作发电机或系统侧母线电压互感器电压输入。

U1—2：与 U1—1 相同，为第二通道输入，当 U1—1 和 U1—2 相差±10% 以上时发出错信号。

U2—1：0～160V AC，50Hz 或 60Hz，可作系统侧母线电压互感器电压输入。

U2—2：与 U2—1 相同，为第二通道输入，当 U2—1 与 U2—2 相差±10% 以上时发出错信号。

2）开关量输入（ DI）信号：

RESET：复位，可中断正在执行的程序，为脉冲或持续信号。

START：起动，起动同步程序执行，为脉冲或持续信号。

C. B. OPEN：断路器“断开”位置信号，为持续信号。

C. B. READY：断路器操作机构条件具备信号，为持续信号。

FUSE、GEN：发电机出口电压互感器熔断器正常信号，为持续信号。

FUSE、BUS：系统侧电压互感器熔断器正常信号，为持续信号。

PAR. 2、PAR. 1：两位 DI 信号，用来指定参数组，00 为第一组参数，01 为第二组参数，10 为第三组参数。

C. B. 2、C. B. 1：两位 DI 信号，用来指定关合断路器号，00 为 0 号断路器。01 为 1 号断路器，10 为 2 号断路器。

3）开关量输出（DO）信号。由继电器触点（无源）输出，最大负载能力为：AC，250V，2A，400VA；DC，250V，0. 25A，50W。

SYNC：同步程序已起动运行，为持续信号。

C. B. IN：关合脉冲信号，宽度可调。

INCR. f1：增加频率（加速），为脉冲信号。

DECR. f1：减少频率（减速），为脉冲信号。

INCR. U1：增加电压（加磁），为脉冲信号。

DECR. U1：减少电压（减磁），为脉冲信号。

FAULT：故障指示灯，为持续信号。

（4）软件。RES010 同步装置可完成发电机并入系统、两电力系统并列以及无压关合断路器等操作。以下对发电机自动准同步并列加以说明。

1）同步装置起动后，先进行同步关合条件的检查：①电力系统、发电机频率在允许范围内（45～55Hz 或 55～65Hz）；②滑差是否在 0.003～0.5Hz 内；③电力系统、发电机频率变化率小于 0.15Hz/s；④关合角小于 60°；⑤电力系统、发电机电压在正常范围内，电压差在设定的偏差范围内；⑥发电机频率高于系统频率（防进相）。

2）如上述条件不符，则进行调频、调压，发调节脉冲。如果在同步过程中，被调对象的频率虽在给定的偏差范围内，但保持相对恒定，即滑差很小，而相角差又总是大于允许值，此时不能关合断路器。RES010 将给出一个小的偏差值，使被调对象的频率产生变化，打破僵局，加速同步过程。调节脉冲的周期保持设定值不变，脉冲宽度在设定的范围内自动调节，其值为频（压）差与调节器比例增益之积。

3）同步并列条件满足后，同步程序开始捕捉最佳关合导前角，即确定发出关合脉冲的时机。不断计算相角差（以 1 工频周期为 1 计算点），当实时计算值小于或等于最佳关合导前角时，即发出关合脉冲 C. B. IN。最佳关合导前角为

$$PH = 360° \times T_b df \tag{4-8}$$

式中 df——实测滑差频率；

T_b——断路器关合时间（关合脉冲发出时刻至断路器主触头接触时刻之间的时间）。

发出关合断路器命令后，同步程序开始记录关合过程的相角差（以 1 工频周期为 1 记录点，最多可记录 29 个点，关合后相角差为 0°，用户可根据记录情况来计算断路器的实际关合时间，并对设定参数进行修正）。

断路器关合后即停止同步过程，如断路器未合上（断路器状态信号无变化），则发出故障指示信号。

4.5 自动并列装置的运行与调试

自动并列装置在运用中还应该注意以下问题：

（1）并列装置是否与其他装置合并。近年来，微机调速器在水电厂日益得到应用，有人提出在调速器内附设同步并列功能，以实现调速与同步并列一体化。这样，可以节省同步装置的投资，是它的一个优点，不过，也有一些缺点。前面提到的同步并列条件中有一条是，电压差要满足一定的要求，不满足时要调整机组的电压。因此，如果将同步装置合到调速器中以后，势必要求调速器发出调节命令给励磁调节

器。这样，两个在功能分工上非常明确的调节器之间要有调节控制上的交错，增加了复杂性，这对大中型机组来说，是不合适的。再者，并入系统前，调速器需要经常不断地进行调速控制计算以维持机组的转速恒定，任务比较忙，而此时同步装置又要进行各种的计算，如频率差、相位差、确定发出断路器合闸命令的时刻等，对大中型机组来说，这些计算又比较复杂，而且要反复运算。这样，把两种需要不断进行计算而性质上完全不同的算法放在一个装置中去完成，显然是不合适的。如采用分时的方法，会影响计算速度，又与快速同步并列的要求相违。所以，应该将两者分开，各自用独立的装置来完成。综观国内外已经生产的和正在研制的供大中型机组使用的调速器，都没有将同步并列全部功能合到调速器内的。

至于是否将同步装置与机组控制单元合在一起，是值得探讨的。机组控制单元执行的任务主要是，机组运行工况的转换、有功功率和无功功率的调整以及运行参数的监测。这些任务有的是连续性的，如运行参数的监测；有的是间断性的，如运行工况转换、有功功率和无功功率的调整。这些大都是在机组并网以后才进行的，与同步并列在时间上是错开的。即使是连续性的，算法也都很简单，不影响同步并列计算。因此，将同步装置并入机组控制单元不会降低各部分工作的性能。目前在超小型水电站（单机容量1MW以下）微机监控系统中，已经出现了这样的解决方式。

近年来出现的智能性同步模件是一件附属于机组控制单元而又相对独立的具有自己的CPU的同步模件。它只要求机组控制单元发出起动要求，所有计算是独立进行的，计算结果又通过机组控制单元送到调速器、励磁调节器或断路器关合回路去执行。它不需独立的机箱，只需配有与机组控制单元协调的总线插口，可以节省造价。这是一种比较有前途的方案。在中、小型水电站微机监控系统中得到了广泛的运用。

（2）自同步或感应同步问题。自动准同步方式要求给机组先励磁，然后并网，由于要满足前面提到的频率差、电压差和相位差等一系列要求，同步并列往往要较长的时间。当系统出现较大事故时，系统频率下降较多，而且非常不稳定，变化很快，这时候采用自动准同步并列，往往要拖很长时间，这对系统的恢复是很不利的。采用自同步或感应同步时，机组先不励磁，当机组频率接近系统频率时（约95%额定转速），将未励磁的机组并入系统，然后给上励磁，靠产生的感应力矩及同步力矩将机组拉入同步。这种同步方式不需对机组转速和电压像采用自动准同步方式那样，进行精确的调节计算，因而并列速度快。其缺点是，对机组和系统有一点冲击。当机组容量较大时，这种冲击就比较大。在欧美地区和我国，考虑到机组长期接受冲击会导致不良后果，其应用受到严格的限制。一般只限制在系统发生事故，系统频率急剧下降时，作为应急措施可以采用。

（3）同步并列速度要求。参加系统调峰的机组，要求能迅速同步并列。决定同步并列速度的因素较多，如水轮机特性（惯性）、操作机构动作时间常数。调速器和励磁调节器的响应速度、同步装置采用的调节控制算法、捕捉同步的算法和微机的计算速度等。一般要求机组从起动到并入系统控制在1min以内。至于允许同步装置并列的时间则没有明确规定。美国大古力水电厂的600MW机组曾做过几百次仿真试验，并列平均时间为20s左右，这可以作为机组同步并列速度的参考。

（4）多台机组合用还是各台机单独用同步装置问题。过去为了节省投资，采用几台机合用一套同步装置。此时，某台机需并列时，先切换相应的电压输入和断路器合闸命令输出回路，不但增加了时间，更重要的是使二次接线复杂了，降低了系统的可靠性。此外，还不能实现几台机同时并入系统，这在系统频率急剧下降和急需大量有功功率时，是个严重缺点。

近年来，随着机组容量的增大、电子元件和计算机价格的下降，越来越多的大中小型机组采用单独的同步装置，今后发展的趋势是，各台机组均设各自的同步装置（或同步摸件）。

小　　结

本章主要介绍了发电机组同期并列的基本概念和常用的自动并列装置的构成、原理及运行调试中应该考虑的几个问题。

（1）同期的基本概念。凡开关断开后两侧均有可能存在电压的断路器，都应该视为同期点。同期的方式有准同期和自同期两种，其中准同期方式由于冲击电流小，为绝大部分机组正常运行情况下采用的并列方式。但若采用手动准同期方式，由于捕捉满足并列条件的瞬间比较困难，往往造成并列时间过长，因此，有条件的都应该尽量采用自动准同期并列装置。至于自同期方式，一般只有在系统出现大干扰，急需功率投入的情况下，部分承担调频任务的机组才采用这一方式并列，它的优点就是并网速度快，但对机组的冲击也比较大。不管是手动还是自动同期并列，都有同期电压的引入问题，应该指出的是，对于某些同期点而言，要考虑电压的相位补偿问题。

（2）整步电压。正弦整步电压是并列点两侧电压瞬时值之差（即滑差电压）的正值包络线电压，其幅值反映并列点两侧电压差数值大小；周期反映并列点两侧电压差频差大小；波形的最低点代表并列点两侧电压相位差为零。所以自动准同步装置检定待并发电机是否满足同步条件一般也是通过整步电压来实现的。全波线形整步电压由于线性度更好，更利于电路工作，所以在自动准同期并列装置中得到了运用。

（3）ZZQ—5型自动准同期并列装置。该装置是恒定导前时间型自动准同期装置，由合闸部分、调频部分、调压部分、电源部分构成。

1）合闸部分。其主要作用是在压差、频差均满足要求的情况下，按导前（$\delta=0°$）t_{dq}时间发出合闸脉冲命令；当压差或频差不满足要求时，拒发合闸脉冲命令。

2）调频部分。其作用在于鉴别频差方向，当发电机频率高于系统频率时，应发减速脉冲；当发电机频率低于系统频率时，应发增速脉冲。

3）调压部分。其作用在于鉴别压差方向，从而发出相应的降压或升压脉冲，使发电机电压趋近系统电压。当压差满足要求时，自动解除合闸部分的压差闭锁。

4）电源部分。由系统侧电压互感器供电，经整流滤波后获得+55V，采用参数式稳压得到+40V和+12V，供装置内部使用。

（4）数字式并列装置。用布线逻辑电路构成的自动准同步装置，由于原理上的缺陷以及采用元件较多，调试困难，运行过程中整定的参数会发生变化等，因此可靠性不够高，终将被数字式并列装置代替。数字式并列装置的控制规律是由软件方式实现，硬件简单，高度可靠，可以实现并列时冲击电流很小而并列速度很快的要求。目前，微机型同期装置在电力系统中已经得到广泛运用。

复习思考题

4－1　电力系统中同步发电机并列操作应满足什么条件？为什么？常采用什么方法并列？

4－2　在发电厂，哪些断路器可以作为同步点？

4－3　滑差、滑差频率、滑差周期有什么关系？

4－4　为什么频差过大时发电机可能并列操作不成功？

4－5　合闸脉冲为什么需要导前时间？断路器合闸脉冲的导前时间应怎样考虑？为什么是恒定导前时间？

4－6　利用线性整步电位如何检测发电机是否满足准同步并列条件？

4－7　频差检查的两种方式（比较恒定导前时间脉冲和恒定导前相角脉冲次序检查频差、利用线性整步电压的斜率检查频差），在使用上有什么主要区别？

4－8　ZZQ—5是恒定导前时间式自动准同期装置，为什么装置中有恒定导前相角获得电路？

4－9　为什么ZZQ—5要求频差过小时自动发出加速脉冲命令？

4－10　ZZQ—5中，调压部分具有哪些功能？怎样实现调压脉冲宽度和脉冲间隔可调？

4－11　已知发电机准同步并列允许压差为额定电压的5%，允许频差为额定频差的0.2%，并列断路器的合闸时间为0.2s。图4－21所示正弦波整步电压波形是否满足压差和频差条件（$T_s=11s$）？

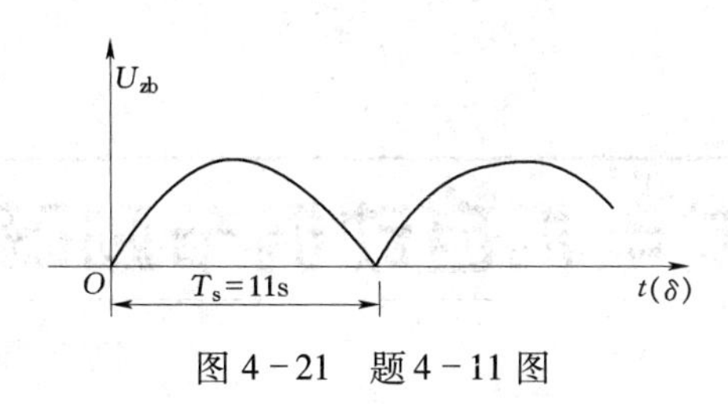

图4－21　题4－11图

第 5 章

同步发电机自动调节励磁装置

【教学要求】 本章讲授了同步发电机自动励磁调节装置的基本原理，通过教学应使学生能分析可控硅整流电路，掌握励磁调节器的基本概念和原理，理解各种限制、保护功能，掌握自动励磁调节装置对发电机的影响，了解微机励磁装置的基本构成和原理。

5.1 概　　述

5.1.1 同步发电机的运行

首先我们来看发电机单机运行情况。

图 5 - 1 (a) 是稳定运行情况下隐极同步发电机的等值电路，其中 $\dot{E}_q$ 为空载电势，X_d 为直轴同步电抗。发电机端电压 $\dot{U}_G$ 和空载电势 $\dot{E}_q$ 的关系为

$$\dot{E}_q = \dot{U}_G + j\dot{I}_G X_d \tag{5-1}$$

式中 $\dot{I}_G$——发电机定子电流。

由图 5 - 1 (b) 发电机相量图中可以得到

$$E_q \cos\theta = U_G + I_G X_d \sin\varphi \tag{5-2}$$

式中，$I_G \sin\varphi$ 正好为无功电流 I_{GQ}。考虑 θ 较小，$\cos\theta=1$，则发电机空载电势为

$$E_q = U_G + I_{GQ} X_d \tag{5-3}$$

根据 (5 - 3) 式中作出以发电机端电压 U_G 和无功电流 I_{GQ} 表示的外特性如图 5 - 1 (c) 所示。

从外特性图可以看出造成发电机端电压下降的主要原因是发电机的无功负荷电

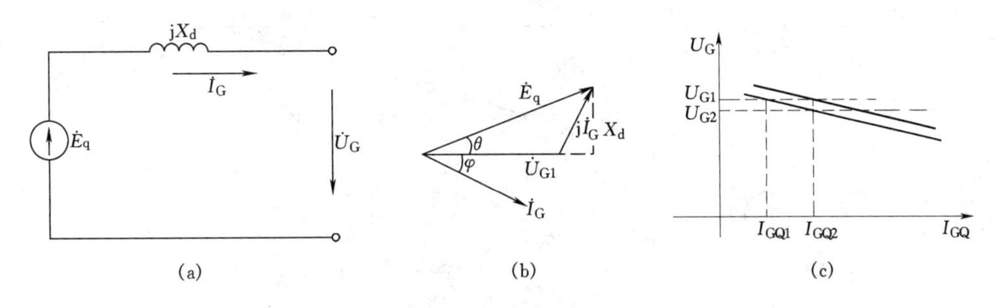

图 5-1 发电机的外特性

(a) 等值电路；(b) 相量图；(c) 外特性

流，在发电机励磁电流不变，E_q 不变的情况下，发电机端电压随无功电流增加而减小，当无功负荷电流从 I_{GQ1} 增加到 I_{GQ2} 后，发电机端电压从 U_{G1} 下降到 U_{G2}，如果在 I_{GQ2} 下仍要维持发电机端电压不变，则必须调节发电机励磁电流，外特性上移使 E_q 增大。

由以上分析可见，对于单独运行的发电机来说，引起端电压变化的主要原因是无功电流的变化，要保持机端电压不变，必须相应的调整励磁电流。

再来讨论发电机并联与电力系统的情况，此时可以认为系统电压 U_S 不变，因此发电机端电压 $U_G = U_S$。如果调节励磁电流，发电机输出功率会发生什么变化呢。

图 5-2（a）是同步发电机并列于无穷大系统时的示意图，当输出的有功率功率保持不变时，有

$$P = \frac{E_q U_S}{X_d}\sin\theta = 常数 \tag{5-4}$$

$$P = U_S I_G \cos\varphi = 常数 \tag{5-5}$$

计及 U_S 为常数，故有

$$E_q \sin\theta = 常数 \tag{5-6}$$

$$I_G \cos\varphi = 常数 \tag{5-7}$$

当励磁电流变大时，由图 5-2（b）可见，E_q 变化到 E_{q1}，则相应的 I_G 变化 I_{G1}，θ 角变化到 θ_1，φ 角变化到 φ_1，而 $I_{GQ} = I_G \sin\varphi$，可见发电机无功电流增大，结果使发电机送入系统的无功功率改变。因此，当发电机并联于无穷大系统时，改变励磁电流，将会引起发电机输出无功功率的变化。

当然如果发电机容量与电力系统容量可以比较的话，当改变励磁时，发电机端电压和无功功率均要相应的改变。

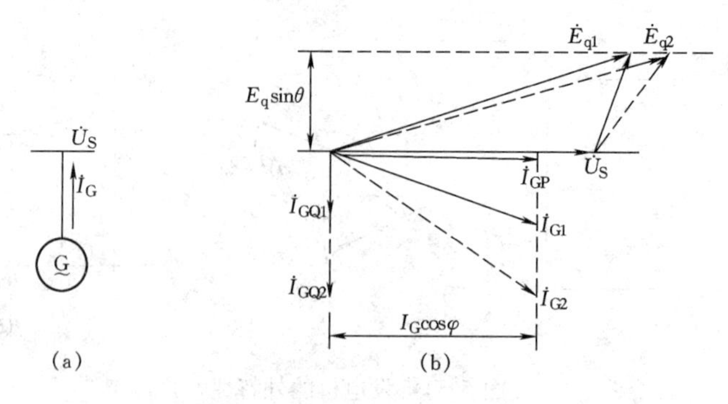

图5-2　同步发电机并列于无穷大系统时的相量图

(a) 电路示意图；(b) 相量图

5.1.2　自动调节励磁装置的作用

电压是电能的两大质量指标之一。电力系统电压的稳定，不仅对广大用户，而且对电力系统本身都具有极其重要的意义。从以上分析知道，只要调节同步发电机的励磁电流，就可以改变发电机端电压（发电机并网运行时，调节励磁电流就改变发电机的无功），同步发电机在正常运行时，由于负载变化或者电力系统发生事故时，发电机的端电压都要发生变化，为保持端电压不变，就必须对发电机电压进行调整，即随着发电机负载的变化，应及时调节发电机的励磁电流。

现代励磁技术的发展，扩充了励磁调节的作用范围，除了可以进行上述的恒机端电压调整外，还可以进行恒励磁电流调节、恒无功调节、恒功率因数调节，完成伏赫限制、停风限制等功能。用来完成以上调节功能的自动装置称为自动励磁装置。归纳起来，自动调节励磁作用如下：

(1) 保持发电机机端或电力系统电压恒定。单独运行的同步发电机的负载变动时，自动调节励磁装置能根据发电机端电压，定子电流和功率因数的变化自动调节发电机的励磁，保持端电压恒定或电力系统中某点电压恒定。

(2) 自动调节励磁装置可以根据并列运行发电机的特点，确定自动调节励磁装置的调差系数，实现并列运行发电机无功负荷的自动合理分配。

(3) 提高电力系统的工作稳定性。当电力系统发生突然短路时，电压极度下降会破坏系统并列运行稳定性，自动调节励磁装置能迅速地提高发电机励磁电压，使发电机的励磁电流上升到比额定值大得多的数值，从而提高系统运行的稳定性。

(4) 限制发电机突然卸载时的电压上升。由于转子及调速系统的惯性大，比如当某种原因使水轮发电机突然卸载时，机组的转速将在一个短时间内大大上升，使发

电机定子电压可能达到危及绝缘安全的数值，自动调节励磁装置能在电压升高到某一数值后即实行强行减磁，迅速减小磁电流，抑制电压的上升。

(5) 提高带时限的继电保护的灵敏度。在电力系统内，有时短路电流的数值可能是不大的（例如在离发电机端很远处发生短路）并且短路电流随时间衰减，这种情况下由于不易区分短路电流和正常工作电流，将使带时限的继电保护很难正确地工作。装设了自动调节励磁装置后，能在系统发生短路时进行强行励磁，增加短路电流，提高继电保护的灵敏度。

(6) 短路切除加速系统电压的恢复过程，改善异步电动机的自起动条件。电力系统发生短路时，由于系统电压降低，大多数用户电动机被负载制动而转速减慢。短路切除后，系统电压开始恢复，电动机转速回升，此过程中电动机电流超过额定电流很多，若系统电压恢复较慢，则电动机可能会严重过热。自动调节励磁装置能提高系统电压，缩短用户电动机恢复时间。

(7) 当发电机失去励磁而转入异步运行或发电机进行自同期并列时，能改善系统的工作条件。发电机在异步运行或自同期并网时，都要从系统吸收大量无功功率，这将使系统电压下降。装设了自动调节励磁装置后，可用增加励磁电流来抬高系统电压，以维持其异步运行或缩短自同期过程。

5.1.3 对自动调节励磁装置的基本要求

从励磁装置在电力系统中所担负的任务来看，励磁装置对发电机和电力系统安全经济运行有着重要作用。为了完成上述任务，对励磁装置有以下基本要求：

(1) 励磁装置容量应满足发电机各种运行方式的励磁调节需要，并留有适当的裕度，例如励磁装置的额定励磁电流、励磁电压一般为配套的同步发电机额定励磁电流和额定励磁电压的1.1~1.2倍。

(2) 具有强行励磁功能，并且顶值电压和励磁电压上升速度满足要求。

(3) 应具有足够的强励时间，为了能在系统短路时保证系统稳定和继电保护灵敏可靠动作，要求强励持续维持一定时间。比如晶闸管励磁系统要求强励时间能维持10~20s。时间越长，对发电机转子以及励磁系统本身的要求越高。

(4) 应具有足够的电压调节精度和电压调节范围。从维护发电机端电压在给定水平的角度来看，必须要求应具有足够的电压调节精度。具体是指励磁系统在自然调节特性下，(既调差环节切除后)，发电机的负载由零增至额定值时，发电机端电压变化率既静差率应在规定的范围内，比如对于晶闸管励磁要求静差率在1%以内。

带自动调节励磁系统的发电机电压调整范围有以下要求，首先对于空载运行的发电机，自动调节励磁系统应保证空载电压可调范围为70% ~110% 的空载额定电压；

其次对带负载的发电机，在调差环节投入，功率因数为零时，无功电流从零变化到额定定子电流时，发电机端电压变化率，既调差率维持在±5% ~10% 范围内。

（5）具有比较完善的励磁限制功能，比如过励、低励、伏赫、停风限制等。

（6）装置结构简单可靠，调试方便，消耗功率小，价格低廉。

5.2　励磁调节器的基本概念

5.2.1　励磁调节器简单原理

以一台单独运行，直流机励磁的发电机为例，说明调节器最基本的原理。本例励磁系统原理图见图5-3（a）。

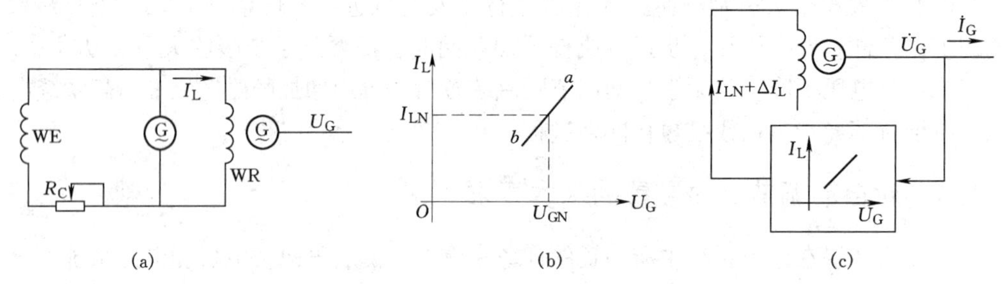

图5-3　励磁系统的工作原理

（a）励磁系统原理图；（b）工作特性；（c）闭环调节示意图

在发电机运行中，由于负荷电流和功率因素的变化，机端电压要偏离额定值，在没有安装自动调节励磁装置的情况下，需通过运行人员，借助于仪表和调节电阻 R_C 来维持端电压水平，其过程如下：

当运行人员观测到机端电压低于额定值（相当测量到有偏差电压）时，就去操作电阻 R_C，减少其数值（相当将偏差信号放大并执行调节），励磁电流增大，发电机机端电压回到额定水平，当人进行“测量偏差”时，是以额定电压作依据的，这个额定电压视作基准电压或整定电压，当电压立刻达到额定值（偏差等于零），就停止调整电阻 R_C（相当于反馈信号控制执行调节）。

上述人工调整 R_C 的作用，可用图5-3（b）工作特性的直线段 ab 来表示，如在1点上运行时，机端电压为额定值 U_{GN}，励磁电流为额定值 I_{LN}。当电压 $U_G>U_{GN}$时，需人工减少励磁电流，U_G 也随之减小；当 $U_G<U_{GN}$时，增大励磁电流，U_G 随之增大。

如果上述的测量，放大和执行功能利用自动装置来完成，且自动装置的工作特性与图 5-3（b）一样，则同样也能维持机端电压接近或等于额定电压，于是构成图 5-3（c）所示的闭环调节回路。

自动调节器不但可以取代人工作用，提高了自动化程度，而且提高了调节品质。

5.2.2 励磁调节器的构成

图 5-4 是励磁调节器的基本方框图。通常，励磁系统应该是指包括励磁调节器在内的，与发电机建压、调节、功率供给有关的所有设备和元件系统。图中所示是一个以电压为被调量的负反馈系统，是励磁系统中的一部分，因主要起调节作用，故称励磁调节器。其各单元作用如下：

（1）变换单元，将机端电压电流互感来的信号，变换成可以反映电压大小，电流大小，功率因素大小的综合电信号。

（2）量测单元，将变换单元来的综合信号进行滤波，整流，检测，输出一个与 U_G 成正比的直流电压 KU_G。

（3）比较综合单元，在该单元中，将整定电压 U_Z 与 KU_G 比较综合，合成出偏差电压 ΔU，$\Delta U = U_Z - KU_G$。当机端电压偏高时，ΔU 为负；机端电压偏低时，ΔU 为正。

（4）放大单元，放大单元按照 ΔU 的大小和正负进行放大，输出电压 U_K。

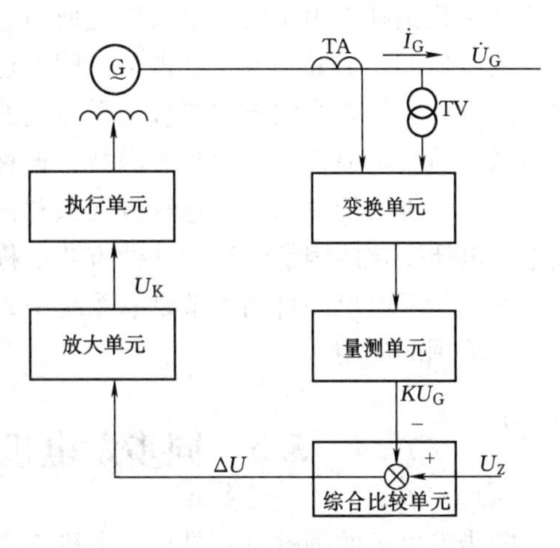

图 5-4 励磁调节器的基本方框图

（5）执行单元，按照放大以后的偏差电压 U_K 驱动执行机构，调节发电机励磁电流，达到调整机端电压的目的。当 ΔU 为负值时，减少励磁，降低发电机电压；相反，ΔU 为正值时，增加励磁，提高发电机电压。因此，调节器调整的结果，力求消除偏差，ΔU 称为反馈量。

5.2.3 励磁调节方式

虽然励磁调节器有机电型，电磁型和晶闸管型，但按调节原理，可分为按电压偏差的比例调节和按定子电流，功率因素的补偿调节这两种方式。

（1）按电压偏差的比例调节。图 5-4 就是一个以电压量为被调量的负反馈比例调节系统，调节器输出量 U_K 比例于电压偏差 ΔU。这种调节系统，不管什么原因引

起 U_G 变化，只要 U_G 变化，都会出现 ΔU，都能使励磁调节器作用，最终使 U_G 维持在给定水平上。

（2）按定子电流、功率因数的补偿调节。由于电枢反应的存在，当励磁电流不变，在滞后的功率因数下，通过同步发电机去磁电枢反应的作用，亦会使机端电压下降，且电流愈大，功率因数愈低，机端电压下降愈多。因此机端电压还受定子电流和功率因数变化的影响。

在某一功率因数下，若将定子电流整流后供给发电机励磁，则可以补偿定子电流对端电压的影响。这种补偿调节与比例调节有着本质上的区别，按电压偏差的比例调节是一个负反馈控制系统，将被调量与给定值比较得到的偏差电压后，作用于调节对象，力求使偏差趋于零。而按定子电流的补偿调节中，作为输入量的定子电流并非被调量，它只是补偿由于定子电流变化所引起的端电压变化，仅引起补偿作用，对补偿后机端电压的高低并不能直接调节。因而这种补偿带有盲目性。

另一种补偿调节的方式与按定子电流的补偿调节不同，这种补偿中，不仅反映发电机端电压、电流，还反映功率因数；这种调节中，被调量是电压，检测量中即有电流、电压，也有功率因数。这种方式虽对机端电压而言带有盲目性，但毕竟补偿影响发电机电压变化的因素。这种补偿方式也称为相位补偿调节。

在同步发电机的自动调节励磁系统中，按定子电流补偿调节，相位补偿调节都得了一定范围的应用。

5.3 同步发电机的常见励磁方式

同步发电机的励磁方式是指发电机直流励磁电源的取得方式。

发电机的励磁系统，按供电方式可分他励，自励两大类。他励是指发电机的励磁电源是由与发电机无直接电气联系的电源供给，如直流励磁机、交流励磁机等。他励励磁电源不受发电机运行状态的影响，可靠性较高但功能较少。自励是指励磁电源取自发电机本身，如晶闸管自并励励磁系统。自励系统用静止元件构成，取消了旋转电机、运行维护简单、但受发电机运行状态的影响较大。

5.3.1 直流励磁机励磁系统

如图 5-5 所示为直流励磁机励磁系统。发电机的励磁电流由直流励磁机 GE 供给，励磁机的励磁电流则由励磁机自并励电流 i_{ZL} 和自动调节励磁装置输出电流 i_{AVR} 供给，总的励磁电流为 $i=i_{ZL}+i_{AVR}$。调节励磁机励磁电流就可改变励磁机的直流电压，从而改变发电机励磁绕组中的电流，实现发电机电压调整的目的。

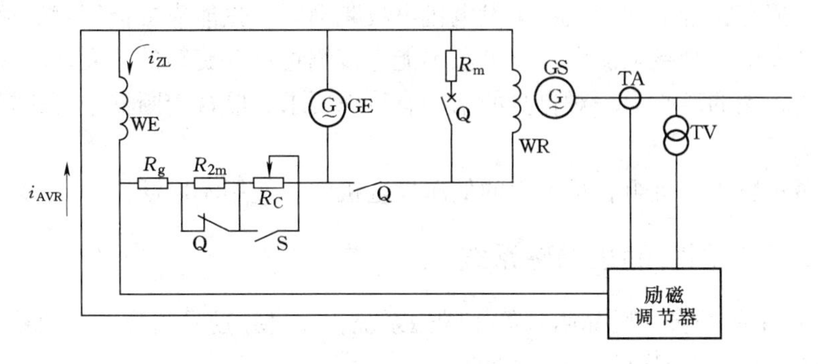

图 5-5　直流励磁机励磁系统

GS—同步发电机；GE—直流励磁机；R_C—磁场变阻器；R_m—灭磁电阻；

WR—发电机励磁绕组；WE—励磁机励磁绕组；Q—灭磁开关

励磁机励磁电流的调节方法是：①手动调整磁场变阻器 R_C 以改变 i_{ZL}值；②根据端电压偏差信号由励磁调节器自动调节 i_{AVR}，以两个电流共同作用保持端电压为给定值。发电机励磁电流是通过碳刷和滑环送入励磁绕组的。

直流励磁机励磁已沿用几十年，技术成熟，运行稳定，调节方便，以前采用较多；但由于存在换向器磨损、冒火花等问题，目前已被淘汰。

5.3.2　交流励磁机—旋转整流器励磁系统（又称无刷励磁）

如图 5-6 所示为交流励磁机—旋转整流器励磁系统。该系统中，整流二极管、熔断器、交流励磁发电机定子绕组在同步发电机的转子侧，随轴一起旋转。交流励磁机的励磁绕组在发电机的定子侧，同步发电机的励磁电流由交流励磁机电枢输出功率经三相全波整流供给。交流励磁机的励磁电流由永磁发电机提供。发电机励磁调节是通过自动励磁调节装置来改变晶闸管的导通角，从而改变交流励磁机的励磁电流来进行的。

这种励磁方式的主要优点是励磁系统没有碳刷和换向器，维护工作量少，根除了

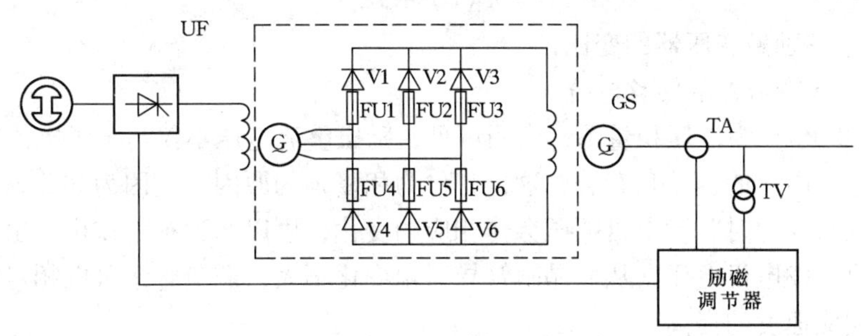

图 5-6　交流励磁机—旋转整流器励磁系统

冒火花问题。但存在着下列缺点：①发电机事故跳闸时，只能靠二极管续流灭磁，灭磁速度慢；②发电机励磁电流和励磁电压不能直接测量；③旋转的硅元件和快速熔断使熔断器承受较大的离心力，对自身的结构有特殊要求，监视熔断器是否完好有一定的困难。

无刷励磁一般用于机组容量不大的低压发电机中，使用不广泛。

5.3.3 自并励晶闸管静止励磁系统

图5-7所示的是自并励晶闸管静止励磁系统，在自并励晶闸管静止励磁系统中，发电机的励磁电源由接于发电机出口的励磁变压器T供给，励磁电流通过励磁调节器控制晶闸管的导通角进行调节。

这种励磁方式没有直流励磁机，不存在碳刷和换向器磨损及环火等问题。调节速度快，动态性能好。但是该励磁方式的强行励磁能力与机端电压有关，机端三相短路时，由于电压很低，会丧失强行励磁能力，影响继电保护动作灵敏度。

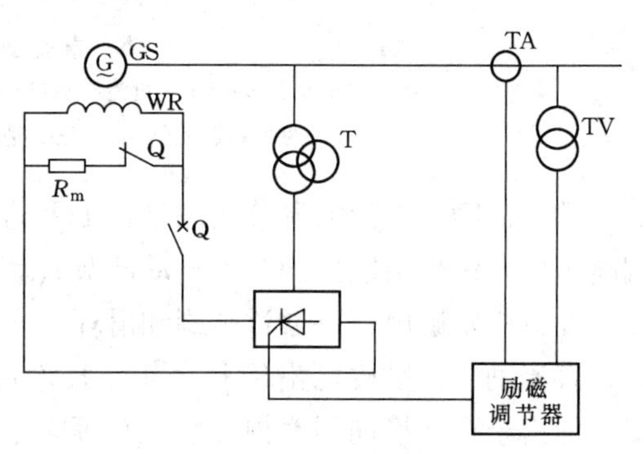

图5-7　自并励晶闸管静止励磁系统

5.3.4 自复励晶闸管静止励磁系统

该系统原理图如图5-8（a）所示，与自并励晶闸管静止励磁系统相比，励磁电压由励磁变流器TA1二次电压和励磁变压器T二次电压串联后加到整流桥上。

变流器的铁芯带有间隙，类似电抗变压器，其输出电压正比于定子电流，这样加到整流桥上的电压可表示为

$$\dot{U} = n_{TV}\dot{U}_G + \dot{J}X_k\dot{I}_G$$

式中　n_{TV}——励磁变压器的变比；

X_k——变流器的转移电抗。

图5-8（b）为电压相量图，由图可见，励磁整流电压不仅与定子电流有关，还与发电机电流电压的相差角有关，这也是称为相复励的原因。正因为如此，当负载电流，功率因数变化时，发电机电压会作相应的变化，可以起到补偿作用。由于导通角控制仅取决于发电机电压，从而晶闸管导通角变化不大，调节容量可以相对小些，有利于励磁响应速度的提高。

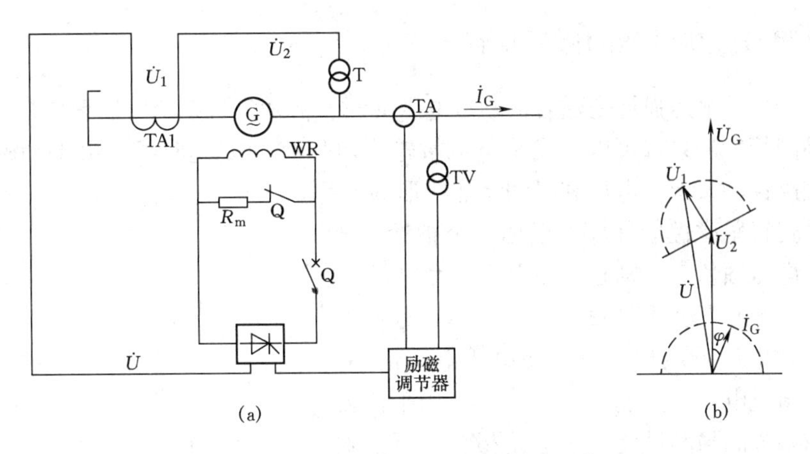

图 5－8　自复励晶闸管静止励磁系统
（a）原理图；（b）相量图

5.3.5　三次谐波励磁系统

如图 5－9 所示为三次谐波励磁系统。小型凸极同步发电机由于电枢和磁极间的气隙磁场分布不是正弦波，故在定子绕组上感应出一系列谐波电势，其中以三次谐波能量最大。此外，发电机带上负载后，电枢反应也会产生奇次谐波电势，只要在定子槽中附加一组节距为 $\tau/3$（τ1 基波节距）的三次谐波绕组，就可将发电机的三次谐波能量引出作为励磁电源，通过整流桥供给发电机励磁。

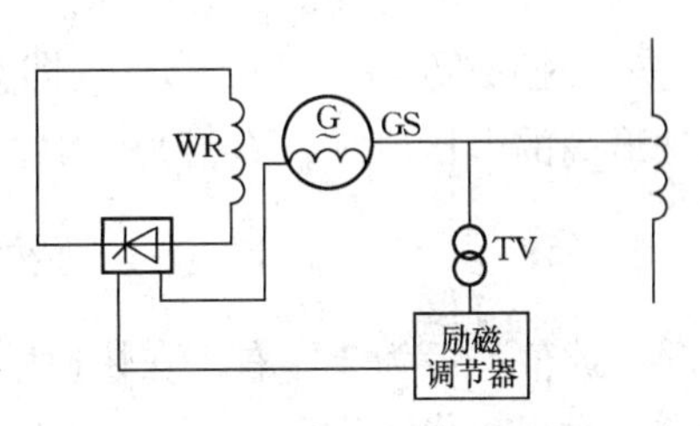

图 5－9　三次谐波励磁系统

5.4　继电强行励磁和发电机灭磁

5.4.1　强行励磁的作用

强行励磁就是指在电力系统发生短路时，当发电机电压降低到 80% ～85% 时，从提高电力系统稳定性和继电保护动作灵敏度出发，由自动装置迅速将发电机励磁电流增至最大值。归纳起来，强行励磁的主要作用有：①提高电力系统的暂态稳定性。②加快故障切除后的电压恢复过程。③提高继电保护的动作灵敏度。④改善异步电动机的起动条件。

5.4.2　强行励磁性能的衡量指标

图5－10所示是强行励磁后，励磁电压（对直流励磁机系统可以看成是励磁机电压，对晶闸管励磁系统可以看成是整流桥输出电压）的变化曲线。由于励磁系统的惯性和磁路性能，上升电压和时间是非线形的关系。

衡量强行励磁性能好坏一般用两个指标，既要求强励电压顶值高和励磁电压上升速度快。

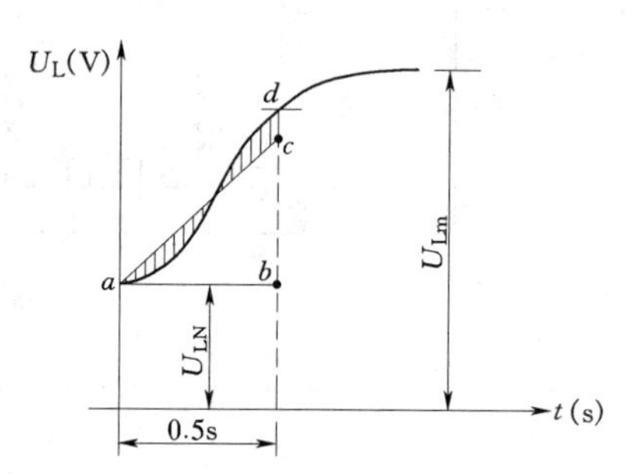

图5－10　励磁电压变化曲线

U_{LN}—额定励磁电压；U_{Lm}—强励顶值电压

（1）励磁电压上升速度。励磁电压上升速度也称为励磁电压响应比，或励磁电压响应倍率，可以用来衡量电压上升速度的大小，或用来比较不同励磁系统的强励性能。一般是指在强行励磁过程中，第一个0.5s时间内测得的励磁电压上升平均速度，并用额定励磁电压的倍数表示。由于电压上升速度是不均匀的，我们必须经过适当处理后才能得到等速的上升电压。通常将面积 $abcd$ 等效变换成 Δabc 面积，cb/U_{LN} 即为0.5，称为等速升高的电压值（标么值）。因此，励磁电压上升速度可表示为

$$\text{励磁电压上升速度} = \frac{cb/U_{LN}}{0.5}$$

此值一般为2左右，在快速励磁系统中可达6～7。

对于现代励磁系统而言，用0.5s来计算上升速度，已显得太慢而无实际意义，因此出现了用0.1s或0.2s来定义的上升速度。

（2）强励顶值电压倍数 k_q。是指强励时达到的最高励磁电压与额定励磁电压之比，其值为

$$k_q = \frac{U_{Lm}}{U_{LN}} \tag{5-8}$$

式中　k_q——强励顶值电压倍数；

U_{Lm}、U_{LN}——强励顶值电压和额定励磁电压。

强励电压倍数应根据电力系统的需要和发电机结构等因素合理选择，一般取1.8～2倍。

5.4.3　继电强行励磁装置

图5－11为用于直流机励磁系统中的继电强行励磁装置原理接线图。由低压继电

器 1KV、2KV，中间继电器 1KM、2KM，信号继电器 KS 和直流接触器 Q 等组成。当发电机端电压降至 80% ~85% 额定电压时，1KV、2KV 同时动作，分别起动 1KM、2KM，由 1KM、2KM 常开接点闭合去使 Q 励磁，Q 触头闭合将磁场变阻器 R_C 短接，励磁机励磁电流立刻增至最大值，实现强行励磁。当发电机端电压恢复至低压继电器电压返回值时，1KV、2KV 常闭接点返回而断开，强行励磁装置复归。

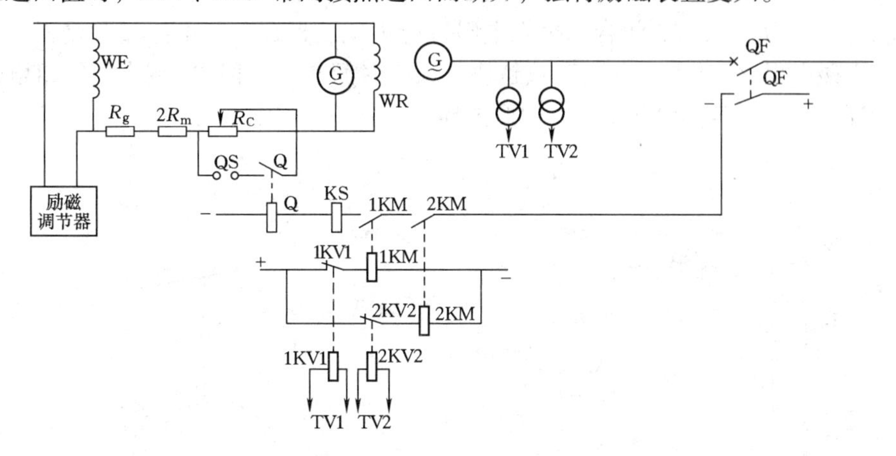

图 5－11　继电强行励磁装置原理接线

原理接线图中采用两个低压继电器的原因是为了防止电压互感器断线而引起的误强励。对于并联运行发电机的继电强励装置，其中的两个低压元件还应接在不同的相别上，确保在发生任何类型的短路故障时，均有一定数量的发电机进行强励。整个励磁装置由断路器辅助触点控制，确保停机时，磁场电阻 R_C 不被短路。切换开关 QS 可视是否需要强励而投切。这种强励方式比较陈旧，主要用来说明强励过程和原理。

5.4.4 同步发电机灭磁

发电机在运行中，如果发生定子绕组相间短路或匝间短路事故，继电保护会迅速将发电机从系统中切除，但发电机转子还在旋转，励磁电流不能马上消失，发电机仍有感应电势，会继续向短路点提供电流，这可能导致事故扩大和恶化。因此在保护将发电机断路器跳开后，还应迅速灭磁。

灭磁就是将发电机转子的剩余磁场尽快的减弱到最小程度。

发电机断路器联动于灭磁开关（励磁回路主开关）是最快的方法，但转子绕组是个大电感元件，突然断开势必产生很高的电压，危及转子绕组绝缘安全，所以在跳开灭磁开关的同时要将一个电阻自动并接到转子绕组两端，通过电阻来消耗磁场能量。当然还可以采用其他方式来灭磁。

灭磁系统的要求有两个：①灭磁时间要短，这是评价灭磁系统的重要指标；②灭磁过程中转子绕组的电压不能超过其额定电压的4~5倍。

具体的灭磁方式有：

（1）励磁绕组对恒定电阻放电的灭磁方式。图5－12是恒定电阻放电灭磁方式原理图，灭磁开关两触头Q_{M1}，Q_{M2}位置不对应，当继电保护动作时，通过发电机断路器联动跳开Q_{M1}时，Q_{M2}闭合，投入电阻进行灭磁。根据电感电路过渡过程的理论分析，灭磁电阻R_m越大，电流衰减越快，灭磁时间越短。但R_m越大，绕组电压也大，滑环电压大，容易引起跳火，因此滑环电压有一定限制。

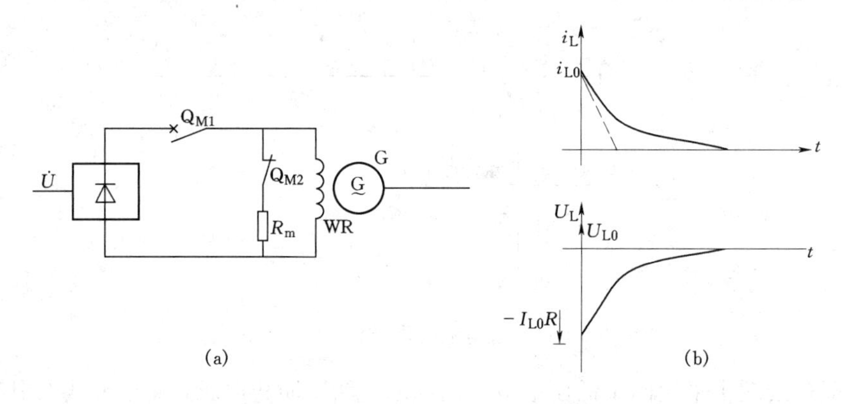

图5－12　恒定电阻放电灭磁方式

（a）原理图；（b）转子绕组电流和电压变化规律

（2）励磁绕组通过灭弧栅灭磁方式。从恒定电阻放电灭磁电流变化规律可以看到：一方面，绕组中电流衰减开始比较快，以后越来越慢，导致灭磁时间拖得很长；另一方面，在灭磁过程中，转子滑环间电压越来越低，与允许值差别越来越大。如果将电阻做成非线性的，电流大时电阻小，电流小时电阻大，这样一来，即可以缩短灭磁时间，又不至于使滑环间电压过高。

专用快速灭磁开关可以满足这一要求，这种开关在主触头上并联有用金属作成的灭弧栅，在开断励磁电流时，电弧被灭弧栅分隔成短弧，根据短弧理论，两灭弧栅之间的电压不随电流变化，形成一个比较理想的非线性电阻。因此这种开关可以快速灭磁。

电流比较小时，电弧不能维持，电流突然中断也会引起过压，在实际灭弧栅还要并联电阻来限制过压。

（3）利用晶闸管整流桥的逆变灭磁方式。具体原理在可控整流电路中进行分析。当控制角在适当角度时，整流桥输出负电压，这时储存在绕组中的能量开始反馈给交流电源，实现快速灭磁。

5.5 晶闸管静止励磁装置

由于大功率高电压晶闸管整流元件的出现，半导体自动调节励磁装置在发电机中的使用越来越普遍，与电磁型励磁调节器相比，具有调节质量高、动作迅速、调整方便、造价低、噪音小、维护方便等优点。

5.5.1 晶闸管静止励磁装置的组成

目前使用的晶闸管静止励磁装置，型号很多，各有特点，但其组成一般分为主电路、辅助电路和保护电路三大部分。具体如下：

（1）主电路。主电路是指励磁电流形成的回路，包括励磁变压器、桥式整流电路以及励磁绕组等设备。其中晶闸管整流电路是必不可少的，其作用是将交流电压变换为可以控制的直流电压，供给发电机励磁绕组或励磁机的励磁绕组。采用的可控整流电路通常是三相半控桥式或三相全控桥式整流电路。

（2）辅助电路。辅助电路是指触发脉冲形成的回路，包括调差、测量比较、综合放大、手动自动切换、移相触发等单元。

1）调差单元。由测量电压互感器电流互感器和电阻组成调差电路。通过调差电路后，其输出信号能灵敏地反映发电机机端电压、定子电流和 $\cos\varphi$ 的变化，并要求该单元对发电机的频率反映不灵敏。

2）测量比较单元。由三相或多相整流滤波电路和比较桥组成，它将来自调差单元的电压与给定值比较，输出一个直流电压偏差信号。

3）综合放大单元。因测量比较单元输出的偏差信号微弱，故应加以放大才能满足励磁装置的调节精度和动态品质的要求。此外，还有其他信号（如电流限制、低励限制等）需要与测量比较信号加以综合，这些任务也由该单元完成，其输出作用于移相触发电路。

4）手动自动切换单元。通过该电路能够实现手动调节与自动调节方式的切换。

5）移相触发单元。将综合放大单元来的信号转换为相角可以移动的触发脉冲，来改变晶闸管导通角控制整流桥输出。触发脉冲必须与整流桥交流信号同步。

（3）保护电路。保护电路是指为发电机和励磁装置安全运行而设置的各种保护电路，如起励、低励、过励等单元。

1）起励单元。发电机转子剩磁一般比较小，不满足自励建压的需要，故要设置起励单元供给发电机初始励磁。

2）低励单元（又称最小励磁限制）。当电力系统无功容量剩余，发电机转换为进相运行时，为了防止励磁电流过分降低，导致机组失去稳定，或危及发电机安全，故设置低励单元。

3）过励单元（又称电流限制）。当电力系统电压剧烈降低，强励动作时，为了保护发电机和励磁装置的安全，设置过励单元，限制转子电流在安全范围内。

5.5.2 晶闸管静止励磁装置的类型

TKL 型自励晶闸管励磁装置是目前使用较为典型的晶闸管励磁装置之一，适用于 1000～10000kW 水轮发电机自动调节励磁，它能满足单机运行、并网和调相等运行方式的要求。产品基本型号有 TKL—11 自并励和 TKL—21 自复励两种。前者结构比较简单，适用于小型机组；后者由复励和电压调节器两部分组成，适用于负载突变大、强励要求高的大中型机组。下面将以 TKL—11 型晶闸管励磁装置为例，阐述晶闸管静止励磁装置的基本原理。TKL—11 型自并励装置原理方框图见图 5－13；TKL—21 型自复励装置原理方框图见图 5－14。

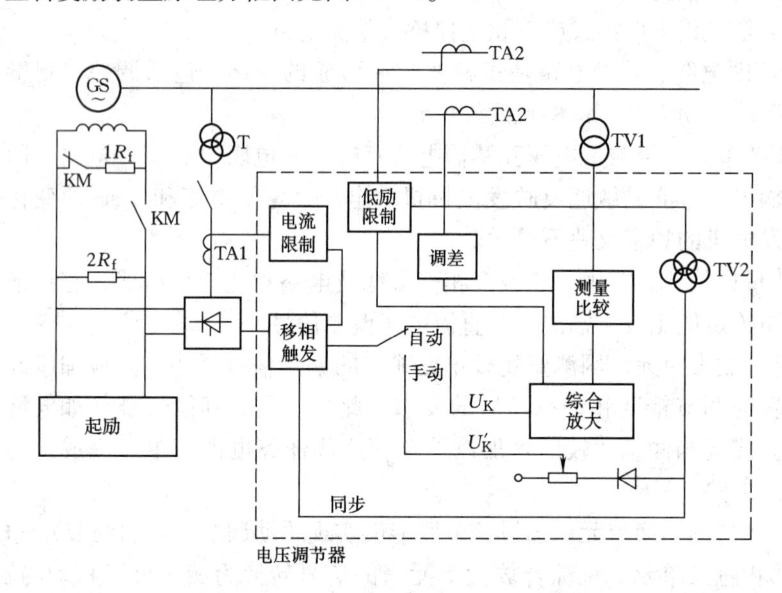

图 5－13 TKL—11 自并励晶闸管静止励磁装置原理方框图

5.5.3 晶闸管静止励磁装置的工作原理

一、晶闸管静止励磁系统中的整流电路

晶闸管励磁装置，因使用功率较大，电压较高，故其功率输出整流电路大都采用三相半控桥或三相全控桥式接线，单只晶闸管元件的功率和电压未能满足需要时，还

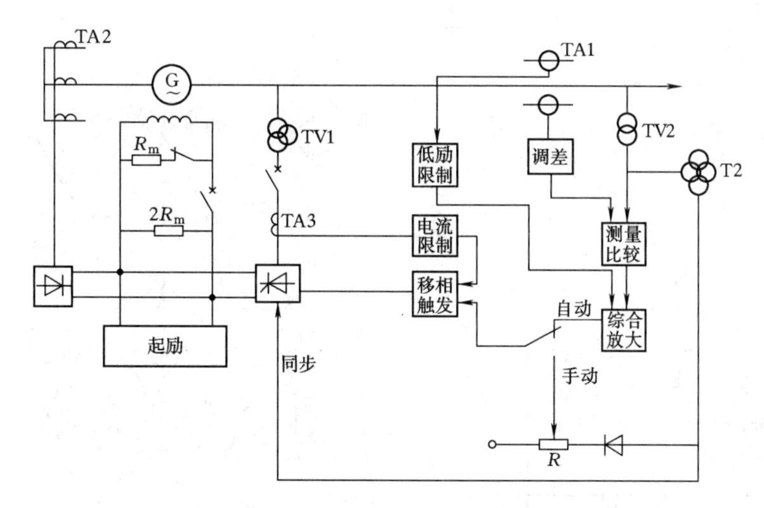

图 5-14　TKL—21 自复励晶闸管静止励磁装置原理方框图

采用多只元件串、并联使用。三相桥式整流电路具有电压脉动系数小，功率因数较高，变压器效率较大，整流元件耐压要求较低等优点，故得到广泛应用。

1. 三相半控桥式整流电路

三相半控桥式整流电路如图 5-15（a）所示。晶闸管 V_1、V_3、V_5 的阴极连在一起，构成共阴极组；二极管 V_2、V_4、V_6 的阳极连在一起，构成共阳极组，V_7 为续流二极管，L 和 R 为感性负载。V_2、V_4、V_6 是自然换向导通；V_1、V_3、V_5 是触发换相导通，即在承受正向压降的同时接受触发脉冲才导通。一般用控制角 α 的大小表示晶闸管触发脉冲来临的早晚并假定图 5-15（c）中 ωt_1 处为 α 的起始点。

（1）对触发脉冲的要求：

1）任一相晶闸管的触发脉冲应在控制角 α 为 0～180°区间内发出，即 V_1 的触发脉冲在 $\omega t_1 \sim \omega t_4$ 区间发出，V_3 触发脉冲在 $\omega t_3 \sim \omega t_6$ 区间内发出，V_5 的在 $\omega t_5 \sim \omega t_2$ 区间内发出，见图 5-15（c），以便使触发脉冲与晶闸管的交流电源保持同步。

2）晶闸管的触发脉冲，应按 V_1、V_3、V_5 的顺序间隔 120°电角度依次发出。

（2）输出电压。假设为纯电阻负载，即认为换相是瞬间完成的，三相半控桥输出电压波形如图 5-15 所示，输出电压平均值 U_{av} 为瞬时值 u_{MN} 的平均值。

1）输出电压瞬时值。

a）参看图 5-15（c），在 $\alpha = 0°\omega t_1$ 瞬间触发 V_1，以后每隔 120°依次触发 V_3、V_5，其状态如同三相桥式整流，只是在 ωt_1、ωt_3、ωt_5 自然换相点分别给 V_1、V_3、V_5 以触发脉冲。

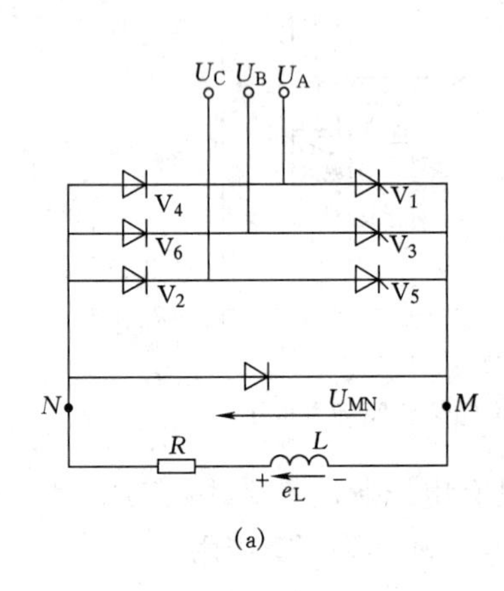

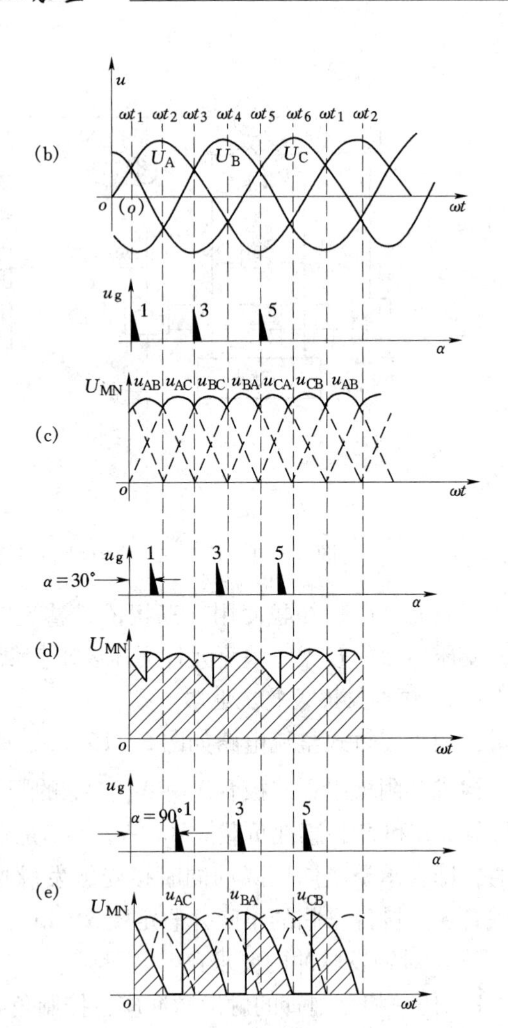

图 5－15　三相半控桥电路及输出电压波形

（a）三相半控桥电路；（b）输入相电压 U_{MN} 波形；（c）$\alpha=0$ 输出电压 U_{MN} 波形；
（d）$\alpha=30°$ 输出电压 U_{MN} 波形；（e）$\alpha=90°$ 输出电压 U_{MN} 波形

在 $\omega t_1 \sim \omega t_2$ 区间内，A 相电压最高，B 相最低。V_1、V_6 导通，构成 A→V_1→$R(L)$→V_6→B 相通路，$U_{MN}=u_{AB}$。

在 $\omega t_2 \sim \omega t_3$ 内，A 相电压仍最高，V_1 继续导通；在 ωt_2 点，C 相电压比 B 相电压低，V_6、V_2 自然换相，负载电流从 B 相的 V_6 转移到 C 相的 V_2，构成 A 相→V_1→$R(L)$→V_2→C 相通路，$U_{MN}=u_{AC}$。

同样分析可知，在 $\omega t_3 \sim \omega t_4$ 内，$U_{MN}=u_{BC}$；$\omega t_4 \sim \omega t_5$ 内，$U_{MN}=u_{BA}$；ωt_5 ～

ωt_6 内，$U_{MN}=u_{CA}$；$\omega t_6\sim\omega t_1$ 内，$U_{MN}=u_{CB}$。可见在每个工频周期内，有6个均匀波头。相角为60°。

b）参看图5－15（d），在$\alpha=30°$的$\omega t_1'$瞬间触发V_1，以后依次每隔120°触发V_3、V_5，在$\omega t_1'\sim\omega t_2$区间，$V_1$阳极电压（A相）最高，$V_6$的阴极电位最低，构成A相→$V_1$→$R(L)$→$V_6$→B相的通路，$U_{MN}=u_{AB}$在$\omega t_2$时刻，$V_6$与$V_2$自然换相，所以在$\omega t_2\sim\omega t_3'$区间内，$V_1$和$V_2$导通$U_{MN}=u_{AC}$。在$\omega t_3'$时触发$V_3$，此时$V_3$阳极电压（B相）高于$V_1$阳极电压（A相），$V_3$导通，$V_1$处于反向电压被迫截止，$V_2$继续导通，$U_{MN}=u_{BC}$在$\omega t_4$时刻，$V_2$与$V_4$自然换相，$U_{MN}=u_{BA}$。同理可以分析出其他区间输出电压$U_{MN}$的情况。比较$\alpha=0°$和$\alpha=30°$情况，由图可见，由于$\alpha$滞后，输出电压三个波头被切除一块。

c）分析$\alpha=90°$情况，参见图5－15（e），在$\omega t_1'\sim\omega t_4$区间，$V_1$被触发而导通，C相电压最低使$V_2$导通，输出电压$U_{MN}=u_{AC}$，到$\omega t_4$时刻，A相和C相电压相等，输出电压$U_{MN}=u_{AC}=0$，由于$V_3$触发脉冲还未来到，故$V_1$和$V_3$不能换相，又由于负载为感性，在输出电压等于零，负载电流i开始变小，电感L上将产生感应电动势e_L，e_L阻止电流i减小，当e_L的绝对值大于零，输出M端为负，N端为正时，由于续流二极管V_7的存在，使负载电流i大部分经V_7形成通路，流过V_1的电流远小于其维持电流，V_1自行关断。在$\omega t_4\sim\omega t_3'$区间$V_7$导通，构成$e_L$→$R(L)$→$V_7$→M→$e_L$通路，输出电压$U_{MN}$近似等于零。

依次类推，得到图5－15（d）的波形。

2）输出电压平均值。输出电压平均值U_{av}与α角关系可表示为

$$U_{av}=1.35U_{x-x}\frac{1+\cos\alpha}{2} \qquad (5-9)$$

式中　U_{x-x}——线电压；

　　α——控制角，$\alpha=0\sim180°$。

图5－16作出了U_{av}与α关系曲线，当α在0～180°内变化时，U_{av}对应于$1.35U_{x-x}\sim0$变化。可见只要控制α角大小，就可改变整流输出电压，以满足自动调节励磁装置对晶闸管实行控制的要求。

2. 三相全控桥式整流电路

图5－17为三相全控桥式整流电路，$V_1\sim V_6$均为晶闸管，它有整流和逆变两种状态。一周期要发6个脉冲。

（1）对触发脉冲的要求：

1）$V_1\sim V_6$触发脉冲次序为V_1，V_2，V_3，V_4，V_5，V_6，且脉冲相隔60°电角度。

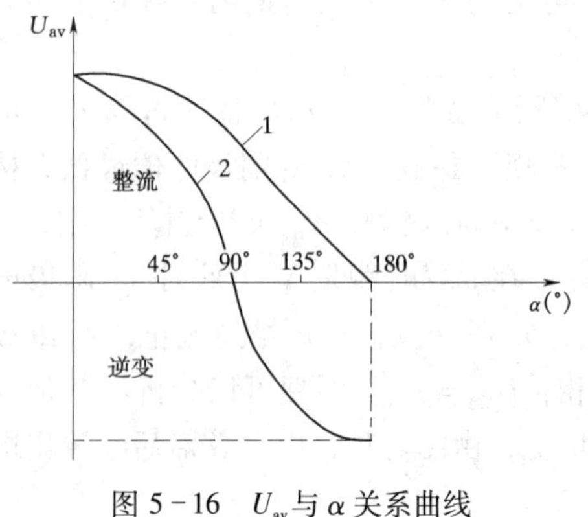

图 5-16 U_{av}与 α 关系曲线

1—半控桥；2—全控桥

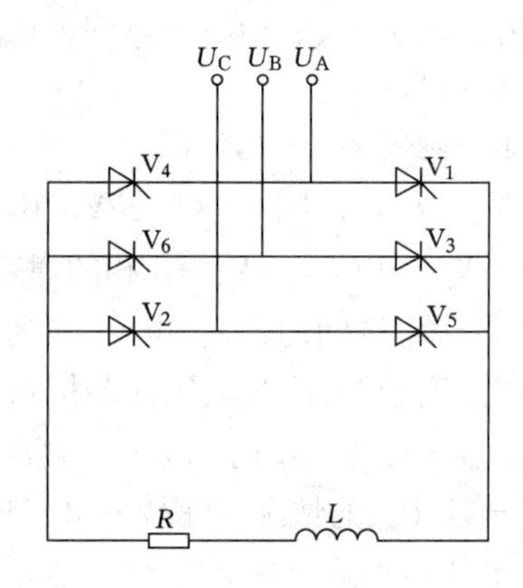

图 5-17 三相全控整流桥电路

为保证后一晶闸管触发导通时前一晶闸管处于导通状态，在触发脉冲的宽度小于 60°时，在给后一待导通的晶闸管发主触发脉冲时，也给前一已导通晶闸管再发一个从触发脉冲，形成双脉冲触发，如表 5-1 所示。

表 5-1　　$\alpha=0°$时双脉冲次序表

号码	一周期内触发脉冲的次序						
	0°	60°	120°	180°	240°	300°	360°
V_1							
V_2							
V_3							
V_4							
V_5							
V_6							

2）$V_1 \sim V_6$ 的脉冲应在图 5-18（a）中以 $\omega t_1 \sim \omega t_6$ 点为起点的 180°区间内发出，即触发脉冲与相应的交流电源电压保持同步。

（2）输出电压。

1）整流工作状态。

整流工作状态就是控制角 $\alpha \leqslant 90°$时，将输入交流转换为直流，如图 5-18 所示。

$\alpha=0°$时，输出电压波形与三相半控桥式相同。

$\alpha=60°$时，各晶闸管在触发脉冲作用下换相，输出电压波形如图 5-18（b）

$60°<\alpha<90°$时，U_{MN}波形如图 5-18（c）所示，输出电压瞬时值 u_{MN}将出现负的部

分，原因是电感性负载产生的感应电动势，维持负载电流持续流通所引起的。

$\alpha=90°$，U_{MN}波形如图 5－18（d），其正负部分面积相等，输出电压平均值为零。

2）逆变工作状态。逆变工作状态就是控制角$\alpha>90°$，输出电压平均值U_{av}为负值，将直流电压转换为交流电压；其实质是将负载电感L中储存的能量向交流电源侧倒送，使L中磁场能量很快释放掉。

图 5－19 为$\alpha=120°$时，全控桥电路情况及输出电压波形。

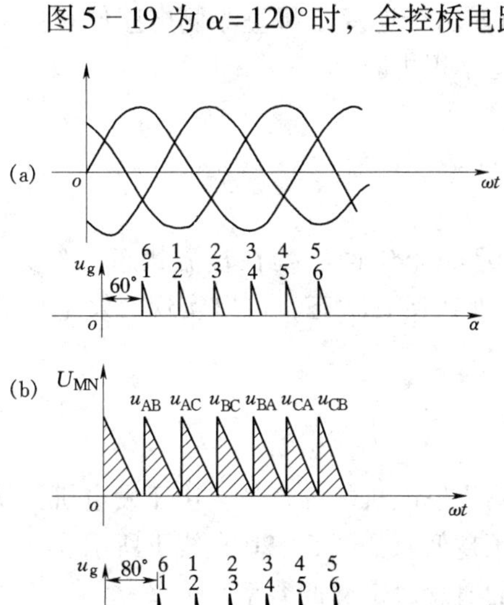

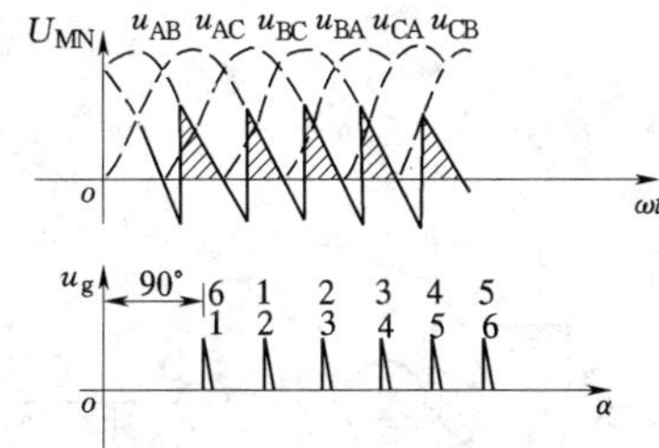

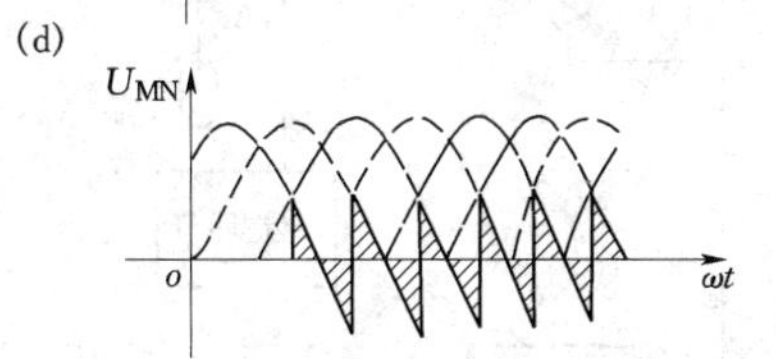

图 5－18　全控桥输出电压波形（0°≤α≤90°）

（a）输入相电压波形；（b）$\alpha=60°U_{MN}$波形；

（c）$\alpha=80°U_{MN}$波形；（d）$\alpha=90°U_{MN}$波形

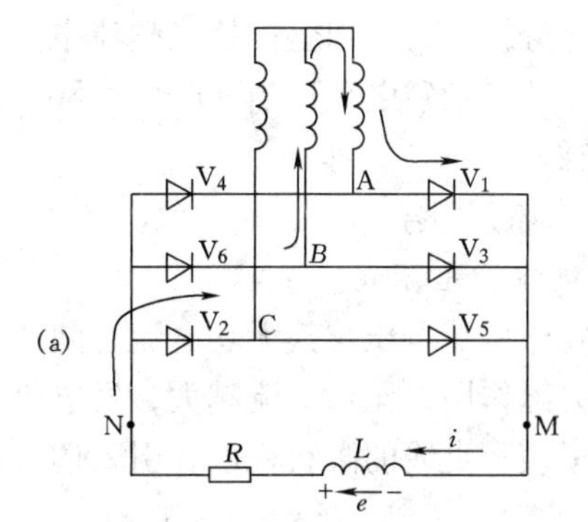

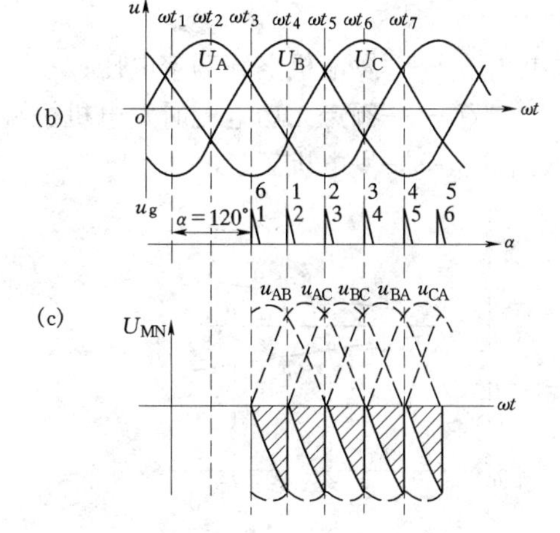

图 5－19　全控桥输出电压波形（90°<α<180°）

（a）整流桥；（b）相电压波形；

（c）$\alpha=120°U_{MN}$波形

在 ωt_3 时刻虽然 u_{AB} 过零变负，但电感 L 上阻止电流 i 减小的感应电动势 e_L 较大，使 e_L-u_{AB} 仍为正，V_1、V_6 仍承受正向压降导通。这时 e_L 与电流 i 方向一致，直流侧发出功率，即将原来在整流状态下储存于磁场的能量释放出来回送到交流侧。交流侧瞬时值 u_{AB} 与电流 i 方向相反，交流侧吸收功率，将能量送回交流电网。

三相全控桥要工作在逆变状态，需要以下条件：①负荷必须是感性的并且转子绕组已储存有能量；②$90°<\alpha<180°$，U_{av} 为负值；③由于逆变是将直流侧电感储存的能量向交流侧倒送的过程，因此逆变时交流侧电源不得中断。

3）输出电压平均值。

$$U_{av}=1.35U_{x-x}\cos\alpha \tag{5-10}$$

曲线如图5－16所示。

综上分析，对三相全控桥式整流电路，当 $0°<\alpha<90°$ 时，处在整流状态，改变 α 角，可以调节励磁电流；当 $90°<\alpha<180°$，电路处在逆变状态，可以实现对发电机的自动灭磁。

二、辅助电路

1. 电流调差环节

把发电机端电压与其无功电流之间的关系称为发电机的外特性。由于发电机无功电流的去磁作用，无功电流越大，发电机端电压越低。如图5－20直线1所示。

为了表示直线的倾斜程度，引入调差系数的概念。定义调差系数为 K_{tc}

$$K_{tc}=\frac{U_{G0}-U_G}{U_{GN}} \tag{5-11}$$

式中 U_{G0}——发电机空载额定电压；

U_G——额定无功电流时发电机机端电压；

U_{GN}——发电机额定电压。

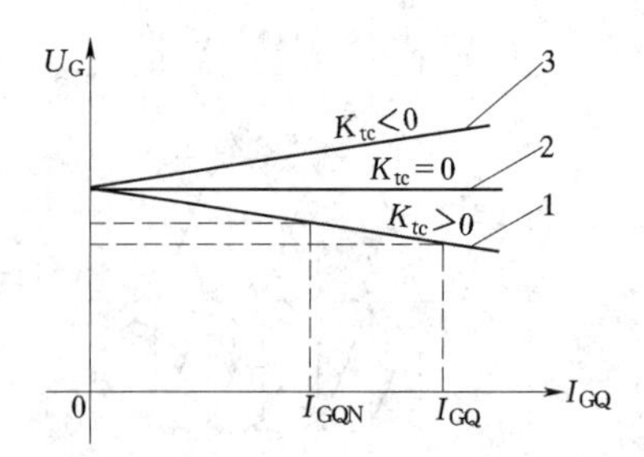

图5－20 发电机的外特性
1—正调差特性；2—无调差特性；3—负调差特性

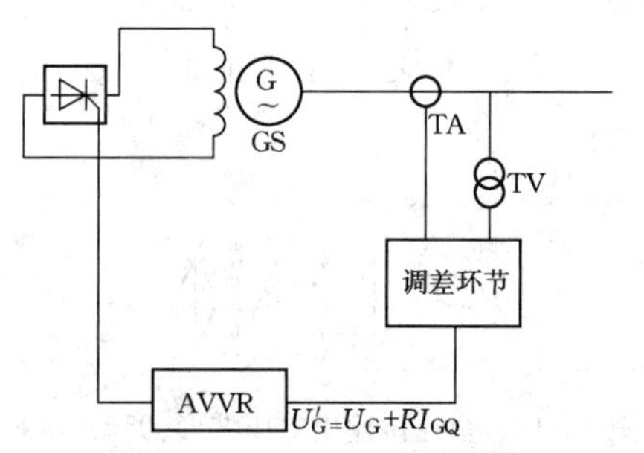

图5－21 接有调差环节的励磁调节电路的框图

调差系数可以理解为发电机无功电流从零增加到额定值时，机端电压相对下降了多少。在图 5－21 中，直线 1 的 $K_{tc}>0$，称为正调差，直线 3 的 $K_{tc}<0$，称为负调差，直线 2 的 $K_{tc}=0$，称为无调差。

发电机本身具有的是正调差特性，这种自然调差系数是不可以改变的，显然不能满足发电机运行要求。

图 5－21 示出了接有调差环节的励磁调节电路的框图。

由图可以看见，输入到励磁调节器的电压 U'_{G} 为机端电压和无功电流的函数，即

$$U'_{G}=U_{G}+RI_{GQ} \tag{5-12}$$

式中 I_{GQ}——发电机的无功电流；

R——调差电阻。

这样一来，当发电机电流增大时，励磁调节器感受到了发电机电压的升高，于是就降低励磁电流，使发电机电压下降，得到下降的直线。只要选择不同的电阻值，便可以得到斜率不同的直线。因此，引入调差环节后，可以改变发电机的外特性。

如果我们使 $U'_{G}=U_{G}-RI_{GQ}$，则当发电机电流增大时，励磁调节器感受到发电机电压的下降，于是就增加励磁电流，使发电机电压上升，得到上升的直线。这样发电机形成了负调差特性。

晶闸管励磁装置常用的电流调差电路有两种接线：①单相电流调差；②两相电流调差。

（1）单相电流调差电路。单相电流调差电路见图 5－22，由电流互感器 TA1、中间变流器 TA2、调差电阻 R 等组成。

电流互感器接于发电机引出线 C 相，电流互感器二次电流反映定子电流，该经中间变流器 TA2 转变为弱电流信号，电流在调差电阻 R_{c} 上的压降，叠加到测量变压器二次电压上，从而使输出信号既反映端电压、同时反映定子电流和 $\cos\varphi$ 的变化。其原理如下：

单相电流调差电路电压相量见图 5－22（c）和图 5－22（d），测量变压器 T 为 Y，d1 接线方式，其二次线电压 $\dot{U}_{ab}$、$\dot{U}_{bc}$、$\dot{U}_{ca}$ 分别滞后一次线电压 $\dot{U}_{AB}$、$\dot{U}_{BC}$、$\dot{U}_{CA}$ 30°，电压三角形如图 5－22（c）中的 Δabc，当叠加 $-\dot{I}_{c}R$ 后，各相二次相电压为

$$\left.\begin{aligned}\dot{U}'_{b}&=\dot{U}_{b}-\dot{I}_{c}R\\ \dot{U}'_{a}&=\dot{U}_{a}\\ \dot{U}'_{c}&=\dot{U}_{c}\end{aligned}\right\} \tag{5-13}$$

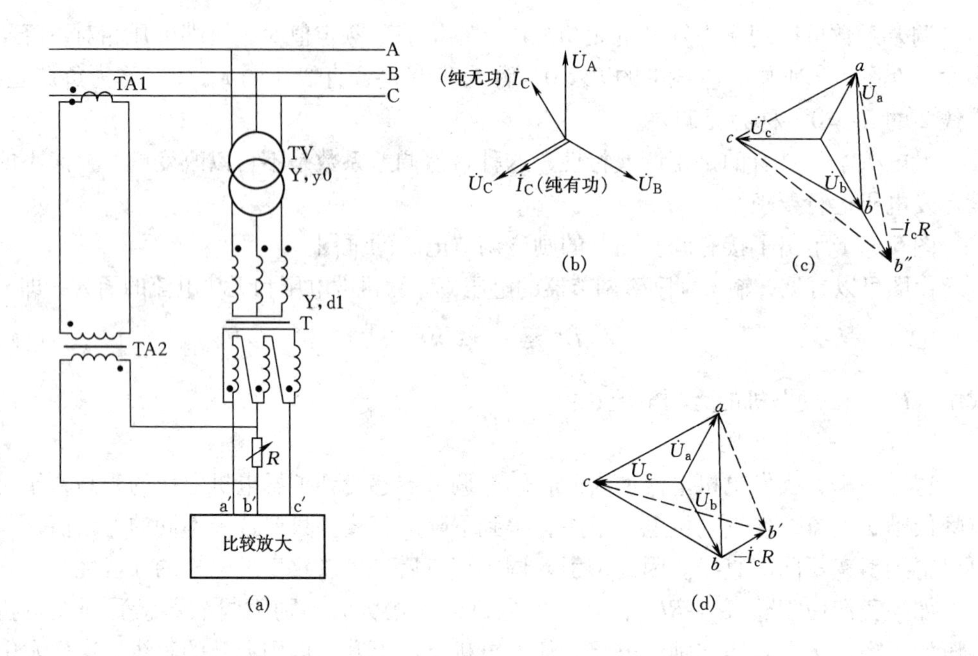

图 5－22 单相电流调差电路

（a）原理接线；（b）发电机电压、电流相量；

（c）发电机带纯电感性负载时；（d）发电机带纯阻性负载时

当负载为有功性质时，$-\dot{I}_cR_2$ 与 $\dot{U}_c$ 相位相反，可得电压三角形 $\Delta ab'c$，如图 5－22（d）所示。$\Delta ab'c$ 与 Δabc 相比，虽一边稍为增长，但另一边却减短了，经三相整流虑波后，得到的直流电压信号并无明显变化，表明该调差电路对有功电流的变化反映不灵敏。

当负载为无功性质时，$-\dot{I}_cR$ 超前 $\dot{U}_c 90°$，可得电压三角形 $\Delta ab''c$，见图 5－22（c）。很明显，$\Delta ab''c$ 比 Δabc 大，经三相整流虑波后，得到的直流电压信号明显增大，表明该调差电路对无功电流（即电压）的变化反映较灵敏。

当无功功率增大，电流增大，$\Delta ab''c$ 面积增大，励磁调节器感觉到发电机电压虚假增高，通过调节，使发电机电压下降。反之，发电机电压上升，形成了发电机的正调节性能。

（2）两相电流调差电路。两相电流调差电路见图 5－23。

与上述单相电流调差电路的工作原理相似，只是在 A、C 两相均装电流互感器，其各相二次相电压为

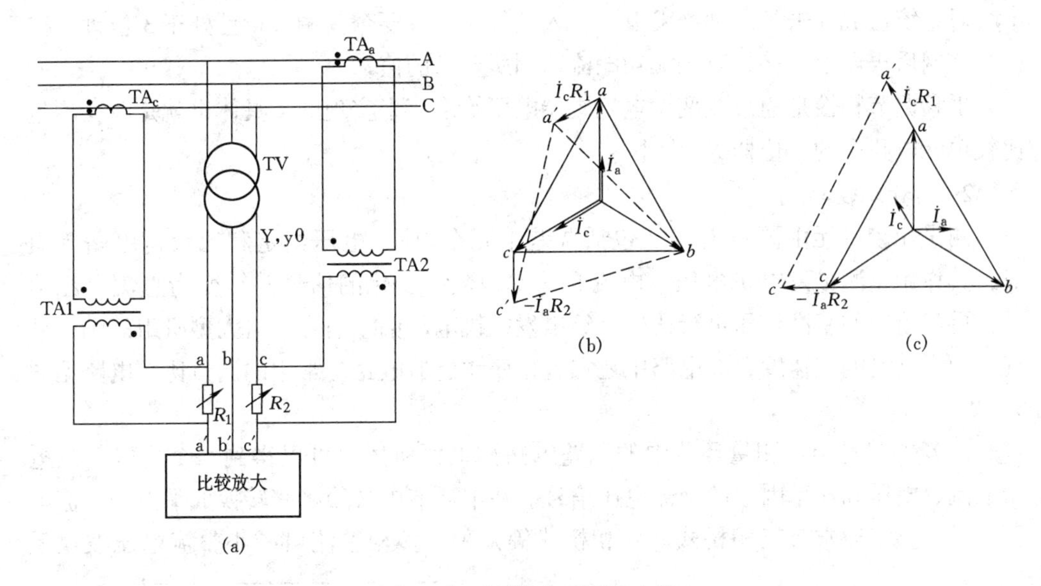

图 5－23　两相电流调差电路

（a）接线原理；（b）发电机带阻性负载时；（c）发电机带感性负载时

$$\left.\begin{aligned}\dot{U}'_a &= \dot{U}_a + \dot{I}_cR_1\\ \dot{U}'_b &= \dot{U}_b\\ \dot{U}'_c &= \dot{U}_c - \dot{I}_aR_2\end{aligned}\right\}\qquad(5-14)$$

调差电压相量如图 5－23（b）和图 5－23（c）所示。

从相量图可见，当负载为阻性时，$\Delta a'bc'$ 与原来 Δabc 相差甚微，见图 5－23（b）；当负载为感性时，$\Delta a'bc'$ 与原来 Δabc 相差较大，表明这一电路能灵敏反映 $\cos\varphi$ 的变化。

（3）调差特性的平移。平移发电机的无功调差特性可以改变该发电机所承担的无功负荷。如图 5－24 所示。

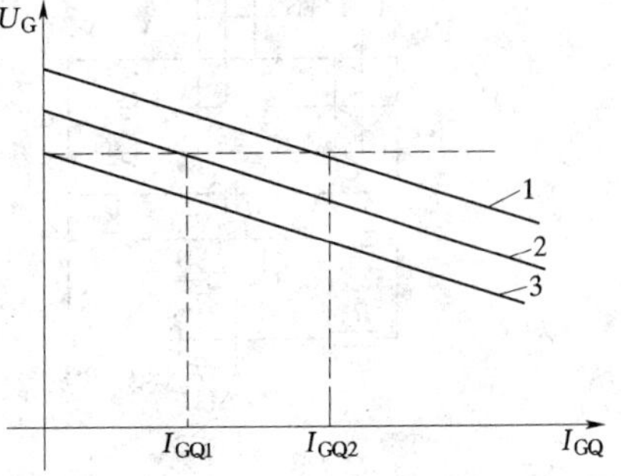

图 5－24　调差特性平移

1—特性直线 1；2—特性直线 2；3—特性直线 3

假设发电机并联与无限大系统母线，母线电压不变，若将调差特性从 1 平移到 2 的位置，发电机承担的无功电流由 I_{GQ2} 减少到 I_{GQ1}，如果继续下移到 3，则发电机发出的无功电流减少到零，这样机组可以退出运行，

不会对系统造成冲击。同理，发电机投入运行时，只要令其调节特性处于3位置，待机组并网后再向上平移，直到无功电流达到所要求的值。

平移调节特性是通过改变发电机机端电压给定值来实现的，具体讲就是改变测量比较单元电路中的电位器R_{wb}大小。

2. 测量比较单元

测量比较单元由测量电路（包括调差单元在内）、电压给定和比较桥电路等组成，其作用是测量发电机电压、电流和功率因数的变化的信号并转变为直流电压信号，再与给定的基准电压进行比较，给出发电机电压偏差信号。对大型机组的励磁系统，为了满足响应速度，在电路中还加有正序滤过器电路。常用的测量比较电路见图5－25。

（1）测量环节。测量环节中的调差电路如上面所述，可以得到一个可以反映电子电流、电压和功率因数的交流电压信号。在本环节中必须将其转换成平滑的直流电压信号，整流通常有三相桥式、六相桥式等几种。多相整流可减小整流电压波纹系

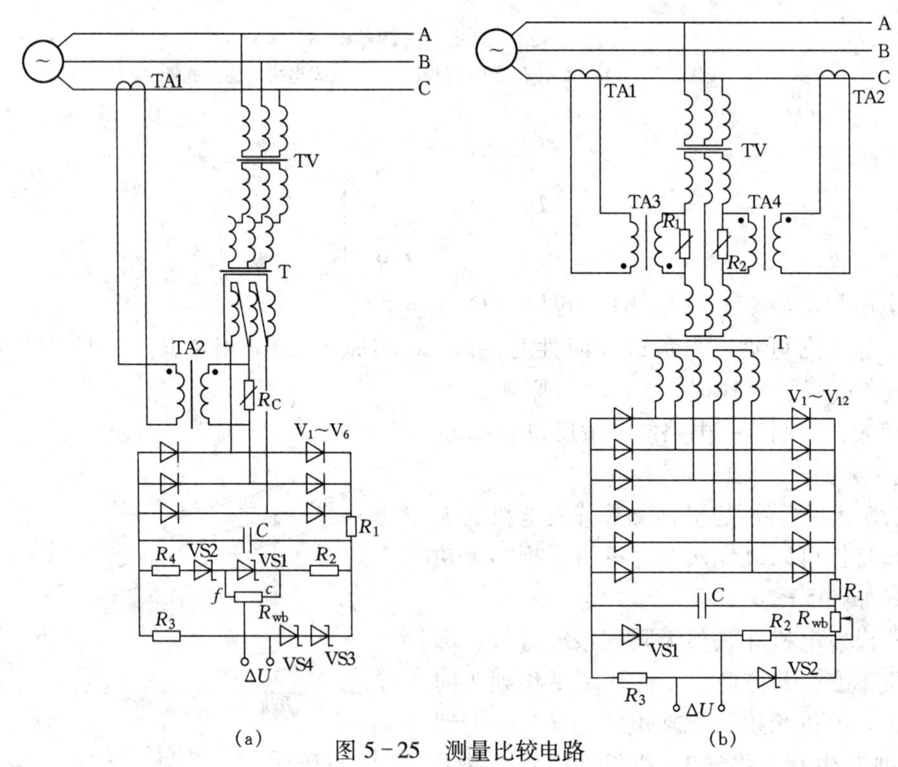

图5－25　测量比较电路

（a）一相调差，不对称比较桥；（b）两相调差，对称比较桥

数，简化滤波电路，提高反应速度。测量变压器的作用是：①将电压互感器来的二次电压变为励磁装置所需的低电压；②把通常接地的电压互感器二次电压与不允许接地的励磁装置控制回路相隔离。

（2）比较环节。检测桥是比较环节的核心电路，具有电压比较和电压整定功能。根据运行要求，应确定发电机机端电压为多少，即给出发电机机端电压一个给定值，在发电机运行时，将测得的机端运行电压与给定电压信号进行比较，输出一个电压偏差信号，经过放大，转变为移相触发电路的控制电压 U_K。发电机励磁装置的电压给定和比较电路主要有两种：对称比较桥电路和不对称比较桥电路。

1）对称比较桥电路。比较电路的形式比较多，例如用运算放大器构成的比较电路和用稳压二极管构成的比较电路。用稳压二极管构成的对称比较桥电路见图 5－25（b），该电路是比较环节的核心电路。

对称比较桥电路由型号参数均相同的两只稳压管 VS1、VS2 和两只电阻 R_2、R_3 组成桥式接线。来自整流桥的输出电压 mU_G（调差环节输出的交流电压）经电位器 R_{wb}加至比较桥输入端 ab 作为输入电压 U_{ab}。输出电压（即偏差电压）取自 c、d 两点。

下面分析输出电压 ΔU 与输入电压的关系。

对称比较桥的等效电路如图 5－26（a）所示。当输入电压较小时，稳压二极管不击穿，相当于 VS1、VS2 开路，R_2、R_3 无电流通过。输出电压 ΔU 可表示为

$$\Delta U = U_{cd} = mU_G \tag{5-15}$$

输出电压跟随输入电压变化。见图 5－26（b）中的 OA 段。

当输入信号大于稳压管反向击穿电压时，VS1、VS2 击穿而保持两端电压固定不变，若令击穿电压为 U_D；$R_2 = R_3 = R$。比较桥输出偏差信号为

$$\Delta U = U_{cd} = U_D - \frac{1}{2}IR \tag{5-16}$$

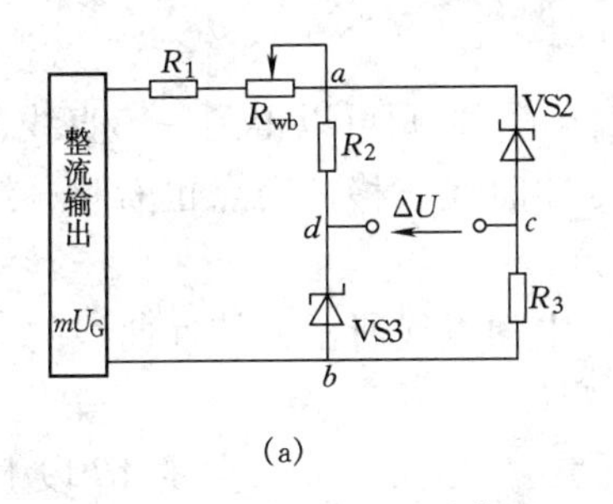

（a）

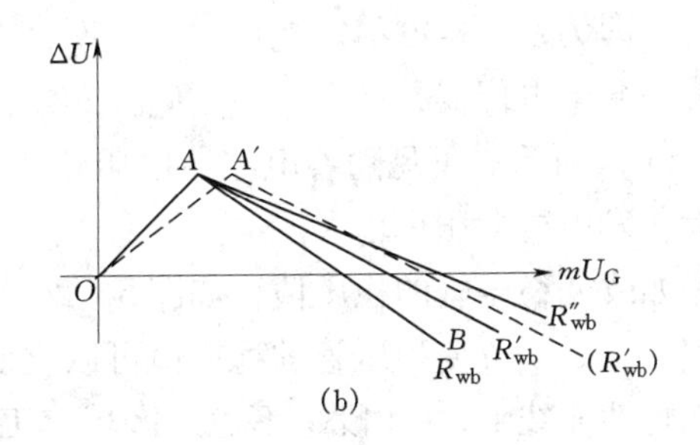

（b）

图 5－26 对称比较桥原理接线

（a）对称比较桥电路；（b）对称比较桥工作特性

由于　$$U_{ab}=\frac{1}{2}IR+U_D=mU_G-I(R_1+R_{wb}) \tag{5-17}$$

所以　$$\Delta U=2U_D-U_{ab}=2U_D-[mU_G-I(R_1+R_{wb})] \tag{5-18}$$

又由于　$$I=\frac{mU_G-U_D}{(R_1+R_{wb})+\frac{1}{2}R} \tag{5-19}$$

代入整理后得

$$\Delta U=\left(2-\frac{R_1+R_{wb}}{R_1+R_{wb}+\frac{1}{2}R}\right)U_D-\left(1-\frac{R_1+R_{wb}}{R_1+R_{wb}+\frac{1}{2}R}\right)mU_G \tag{5-20}$$

令整定电压 U_Z 为

$$U_Z=\left(2-\frac{R_1+R_{wb}}{R_1+R_{wb}+\frac{1}{2}R}\right)U_D$$

比例系数 k 为　$$k=1-\frac{R_1+R_{wb}}{R_1+R_{wb}+\frac{1}{2}R}$$

偏差电压与输入电压的关系为

$$\Delta U=U_Z-kmU_G \tag{5-21}$$

上式表示的直线如图5-26（b）中的直线 AB 段。如果令 $\Delta U=0$，斜线和横坐标交点为

$$mU_G=\frac{1}{k}\left(2-\frac{R_{wb}+R_1}{R_{wb}+R_1+\frac{1}{2}R}\right)U_D$$

这点即为发电机的给定电压。

假如调整电位器，使 $R_{wb}=0$、$R_{wb}=R'_{wb}$、$R_{wb}=R''_{wb}$，则可以得到一簇直线，如图5-26（b）所示。可见随着电位器电阻增大，特性曲线右移，交点也右移，给定电压增大，发电机电压也增大。

假如改变稳压管的稳压值，如图5-26（b）中的虚线所示，特性曲线的 A 点也将右移。就是说改变稳压管的稳压值可以改变给定值。

在特性曲线上，OA 段是不稳定区域。工作段在一、四象限的直线 AB 段上，ΔU 有不同的选择方法。如果 ΔU 取为正，工作段在第一象限，此时给定电压按空载额定电压给定，也就是按自动调压范围的上限给定，则 $U_S=1.2U_G$。U_S 为给定电压。如

果 ΔU 取为负，工作段在第四象限，此时给定电压按强励电压给定，则 $U_S=0.8U_G$。如果工作段内 ΔU 可正可负，则给定电压按发电机额定电压给定，即 $U_S=U_G$。

应当注意，调整 R_{wb} 对单独运行的发电机可以改变机端电压，对并列与大系统的发电机则可以改变发电机无功功率。

2）不对称比较桥电路。上述对称比较桥的输入电压信号在 R_{wb} 上会造成衰减，R_{wb} 值越大，衰减越严重，不仅影响装置的调节灵活性，还会加重后一级的负担，加大后一级的放大倍数。不对称比较桥的给定电压整定电位器 R_{wb} 不串接于比较桥输入电路，而是串接于比较桥给定电压的一臂，不影响比较电压，故可避免上述对称比较桥的缺点。

图 5-27（a）为不对称比较桥等效原理接线图，其工作特性示于图 5-27（b）中。

为了便于分析，先令 R_9 短接。当 mU_G 较小时，VS1～VS4 稳压管未击穿，这时有

$$\Delta U = U_{cd} = mU_G \tag{5-22}$$

ΔU 与 mU_G 的关系为图 5-27（b）中直线 OA 段。

当 mU_G 较大时，VS2 稳压管先击穿，VS3、VS4 未击穿。此时

$$U_{cb} = U_D + I_1 R'_{wb} \tag{5-23}$$

$$U_{db} = U_d \tag{5-24}$$

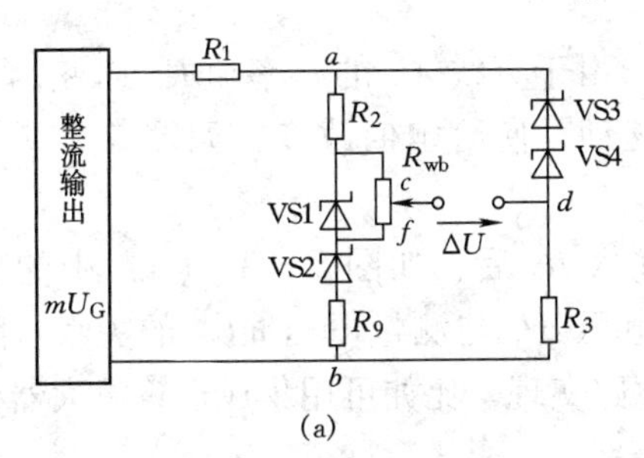

(a)

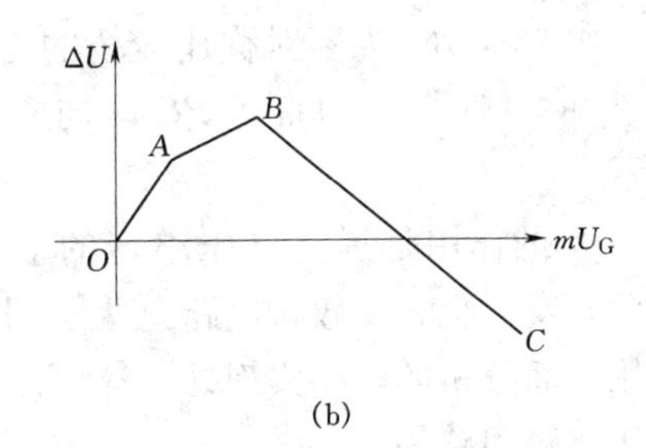

(b)

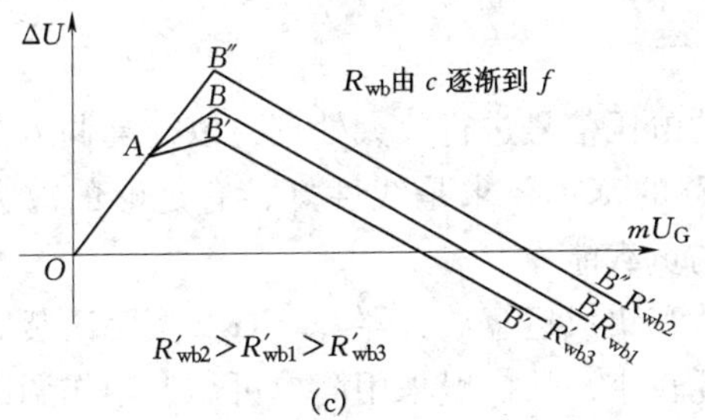

(c)

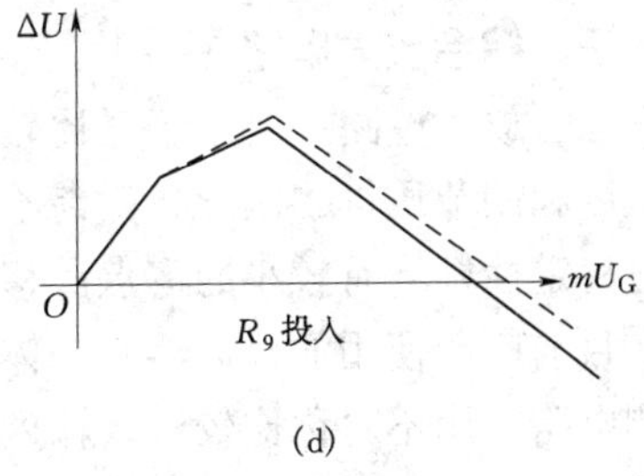

(d)

图 5-27 不对称比较桥

（a）原理接线；（b）工作特性；（c）R_{wb} 对特性的影响；（d）R_9 对特性的影响

$$\Delta U = U_{cb} = U_D + \frac{mU_G - U_D}{R_1 + R_2}R'_{wb}$$

$$= \left(1 + \frac{R'_{wb}}{R_1 + R_2}\right)U_D + \frac{R'_{wb}}{R_1 + R_2}mU_G$$

$$= U_Z + R'_{wb}mU_G \tag{5-25}$$

式中　R'_{wb}——R_{wb}下半部分电阻。

故 ΔU 与 mU_G 的关系如图5－27（b）中的直线 AB 段。改变 R'_{wb} 显然可改变 AB 直线的斜率。当 mU_G 足够大时，稳压管 VS1～VS4 均击穿，假设 $R_2 = R_3 = R$，这时

$$U_{cb} = U_D + \frac{U_D}{R_{wb}}R'_{wb} \tag{5-26}$$

$$U_{db} = I_2R \tag{5-27}$$

$$\Delta U = U_{cb} - U_{db} \tag{5-28}$$

应用电路分析方法可以得出

$$\Delta U = \left(1 + \frac{R'_{wb}}{R_{wb}} - \frac{2R_1R + 2kR(R_1 + R)}{(R_1 + 2R)(R_1 + R)}\right)U_D - \frac{R^2}{(R_1 + 2R)(R_1 + R)}mU_G \tag{5-29}$$

可得图5－27（c）中的直线 BC 段。

曲线 $OABC$ 为不对称比较桥的工作特性。由于直线 AB 的斜率随 R_{wb} 而变，故改变 R_{wb} 时，连带影响直线 BC 段向左或向右移动，使给定值改变，如图5－27（c）所示。

R_9 的作用是提高电压整定的上限。在加入 R_9 后，如图5－27（d）中的虚线所示。实际上，比较桥电路是为了得到偏差电压 ΔU 与测量电压 mU_G 的关系。除了可用上面分析的电路实现外，还可以用其他电路实现。比如可用集成运算放大器构成电压比较回路等。

三、综合放大电路

综合放大电路主要用于对比较桥输出的电压信号进行放大处理，以提高调节器的灵敏度和调节质量，因此，对综合放大电路的基本要求是线性好，有足够的放大系数；稳定性好，有较小的零点漂移和较大的负载能力。

目前广泛使用的放大器有晶体管放大器和集成运算放大器等。TKL 型励磁装置因检测电路采用不对称比较桥，输入信号衰耗较小，故一般采用简单可靠、制作调试方便的晶体管直流放大器，综合放大器的工作特性，见图5－28。

可见，从检测调差电路来的信号 ΔU，经综合放大电路放大及反相后，由综合放

大电路输出的控制信号 U_K 随发电机电压 U_G 成正比线性变化。

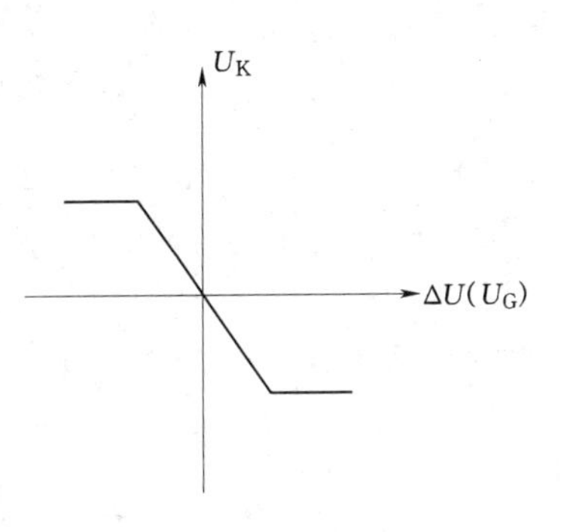

图 5－28　综合放大器的工作特性

四、手动、自动切换电路

（1）对手动、自动切换电路的要求。可控硅励磁装置一般均设有手动、自动切换电路，在运行中如发生调节不稳定或其他故障时，通过切换开关可将自动调节励磁切换到手动调节励磁，在发电机开始升压时，也用手动励磁方式平稳地调节励磁。对手动、自动切换电路的基本要求是：①在发电机带负荷运行时，手动与自动转换，应达到无痕迹切换；②手动调节应能使发电机空载稳定运行，并能在较大范围内调节发电机电压；③手动、自动切换能在机旁和中控室进行；④手动调节环节力求具有机端电压负反馈或转子电流负反馈功能，使手动调节信号能自动地跟随发电机电压偏移而变化，有利于稳定运行。

（2）手动、自动切换电路接线。TKL 型励磁装置的手动、自动切换电路见图 5－29。控制方式通过转换开关 2Q 进行切换，有自动、手动、截止三个位置。可通过另一转换开关 1Q 进行远控（中控室控制）、近控（机旁控制）选择。

手动励磁控制电路的工作电源由同步变压器第二副绕组取得交流电压，经 1V～6V 整流后变为直流电压，再由可调电阻 $3R_{wb}$ 分压取得所需控制信号。因同步变压器电源来自发电机端电压，显然手动控制信号会反映发电机端电压变化，具有电压负反馈功能。

截止信号由稳压管 VS_b 击穿电压经电阻 $5R_b$ 分压取得。较大的截止信号可使晶闸管导通角减小到 10°以下。正常停机时，先用截止信号降低励磁，然后跳灭磁开关，以减轻灭磁开关触头因开断较大直流电流而产生电蚀。只要发电机电压大于 30% 额定电压，稳压管 $1VS_b$ 能反向击穿，截止环节就能可靠地工作。

为了实现手动与自动无痕迹切换，设置电压校核电路。由校核按钮 $1SB_b$、信号电压表 $1PV_b$ 和移相触发电路等值电阻 $6R_b$ 等组成。图 5－29 中所示的自动控制方式，自动控制信号 U_K 或手动控制信号 U'_K 由 2Q 接入。要转为手动控制方式时，可按下 $1SB_b$，调节 $3R_{wb}$ 使电压表指示与自动控制信号 U_K 相同，即可操作 2Q 至手动位置。切换时晶闸管导通角和发电机端电压都不变，故是无痕迹的。

五、移相触发单元

移相触发单元用来产生相位随控制电压 U_K 大小而变化的触发脉冲，以控制整流输出达到自动调节励磁的作用。根据三相可控整流电路工作原理，对触发电路基本要

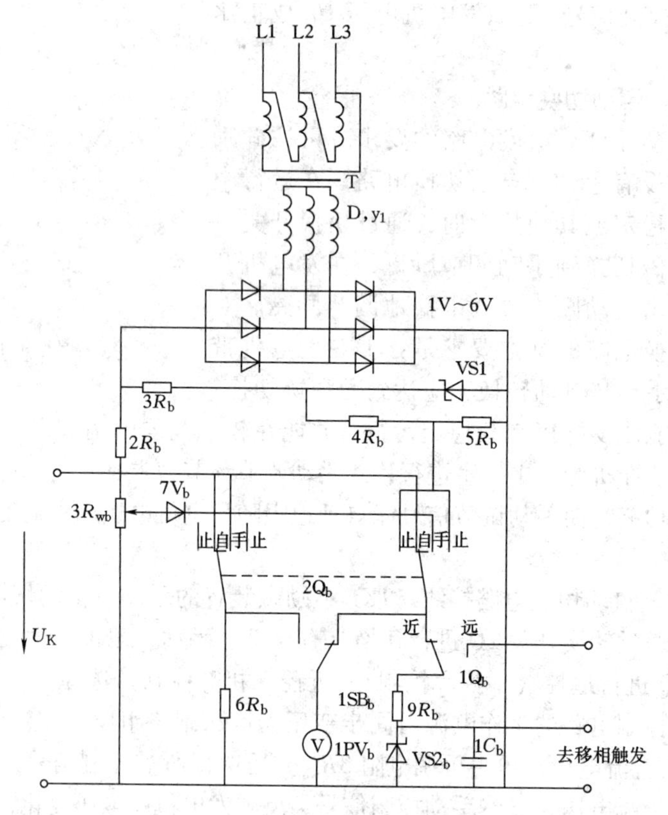

图 5－29 手动、自动切换电路

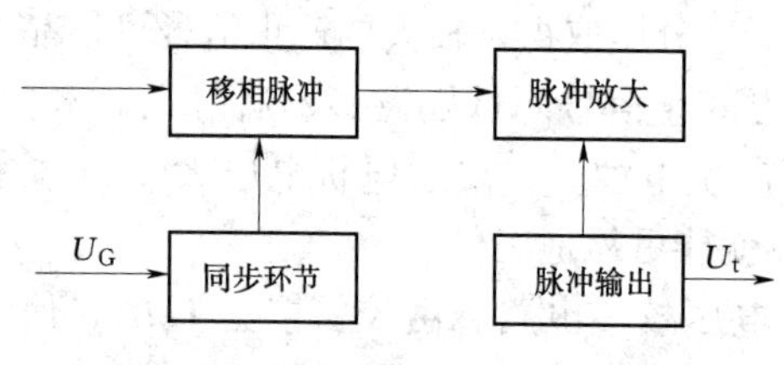

图 5－30 移相触发单元原理框图

求是：①移相触发电路的交流工作电源应与加于晶闸管的正向阳极电压同步；②移相范围应满足电压调节范围的要求；③触发脉冲应有一定的陡度、宽度和幅值，以保证可靠触发；④具有抗干扰误触发能力。

移相触发单元一般由同步电路、移相、脉冲形成和脉冲放大等环节所组成。其原理框图如5－30所示。来自发电机的交流电压 U_G 形成同步电压，它与发电机电压偏差形成的控制电压 U_K 共同作用于移相回路，产生一定相位的触发脉冲信号，经功率放大后，再通过脉冲输出环节输出触发脉冲 U_t。

在不同的自动调节励磁装置中，触发电路的形式是不同的，下面介绍TKL的移相触发单元。

1. 同步电路

三相半控桥式整流电路的同步电路见图 5－31（a）。同步电源取自发电机端，故易实现同步要求。同步电源与晶闸管阳极电压的相位关系分析如下：

励磁变压器 TV 为 Y，d11 接线组别，其二次侧电压超前一次侧电压 30°。同步变压器 TV2 为 D，y1 接线组别，其二次侧电压滞后一次侧电压 30°，即加在晶闸管移相触发电路的同步电压滞后晶闸管阳极电压 60°，相位分析见图 5－31（b）。

从前述三相半控桥式电路对触发脉冲的移相要求可知，当同步电压滞后晶闸管阳

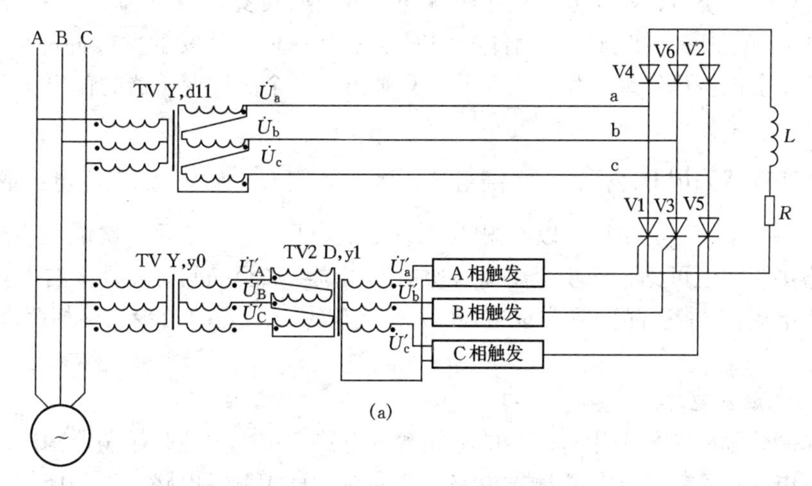

(a)

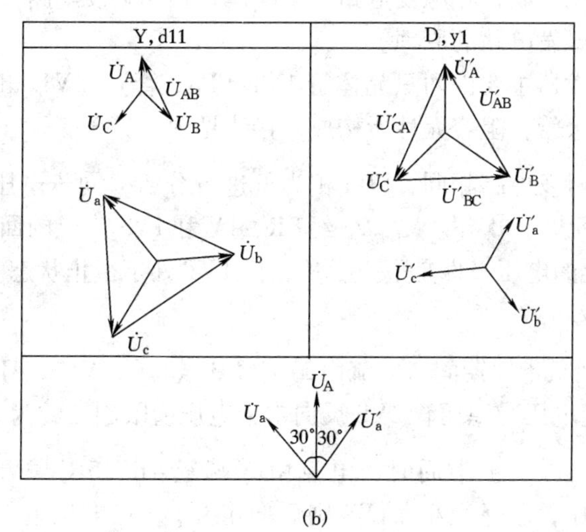

(b)

图 5－31　自动装置同步电路

（a）接线图；（b）相位分析

极电压30°是最理想的，控制角$\alpha=0$正对准可控桥阳极线电压的零点，在自然换相点换流有最大的移相范围0~180°，这种同步关系称为零点对齐。显然，TKL型励磁装置的同步电路未能做到这一点，只有0~150°的移相范围。

三相全控桥式整流电路的同步电路及同步电压相量相位分析见图5-32。三相全控桥式整流电路的双脉冲同步电路，可以按相电压组合或按线电压组合。六只晶闸管触发器的同步电压可分别为$\dot{U}_{a0}$、$-\dot{U}_{c0}$、$\dot{U}_{b0}$、$-\dot{U}_{a0}$、$\dot{U}_{c0}$、$-\dot{U}_{b0}$，每个触发器的脉冲变压器有两个副绕组，每次发出两个窄脉冲，每周期共发12个窄脉冲。将12个脉冲按晶闸管1~6顺序，在触发本元件的同时也给上一只元件发触发脉冲的原则组合，即可使三相全控桥可靠地工作，图5-32只画出了一个脉冲变压器的输出。

其相位关系分析如下：

同步变压器采用D，y1，一次绕组分别接$\dot{U}_{AC}$、$\dot{U}_{BC}$、$\dot{U}_{CA}$，二次相电压取$\dot{U}_{a0}$、$-\dot{U}_{c0}$、$\dot{U}_{b0}$、$-\dot{U}_{a0}$、$\dot{U}_{c0}$、$-\dot{U}_{b0}$。以A相为例，二次电压$\dot{U}_{a0}$、滞后一次电压U_A30°，从同步电路接线图上可见，同步变压器一次电压相位与加至晶闸管元件1的阳极电压相同，同步电压U_{a0}滞后晶闸管阳极电压30°，实现零点对齐的同步，移相范围为0°~180°。

2. 移相触发电路

在晶闸管励磁装置中用得较多的移相触发电路有：①由弛张振荡器构成的窄脉冲移相触发电路；②锯齿波移相触发电路；③晶体管移相触发电路。以晶体管移相触发电路为例说明移相触发电路的原理。

晶体管移相触发器主要由两只晶体管1VT（PNP管）、2VT（NPN管）构成的复合开关管和一些二极管，阻容元件所构成，接线见图5-33。

由于三相移相触发电路相同，以a相为例进行分析，同步电压$\dot{U}_{a0}$由⑤、⑩端输入，控制电压U_K由⑨、⑩端输入。U_K经8R、1V和1VS构成的回路对电容1C充电，1C充好电后。稳定的电压极性是下正上负，使1VT处于截止状态。1C稳定充电电压为1VT的截止电压。

同步电压$\dot{U}_{a0}$在负半周期间，电流由⑩端经3V、2C、V10、4R流向⑤端，2C被充电。2C充电稳定电压受稳压管2VS反向击穿电压值限制，约为24V。

在同步电压$\dot{U}_{a0}$进入正半周时，电流由⑤端经4R、5R、2VS、1VS流向⑩端。2VS所加为正向电压，压降很小，1VS则反向击穿，a点电位近似于+20V梯形波电压。这时因2V反向截止，故在负半周时被充电的2C不受$\dot{U}_{a0}$正半周电压的影响。

由于a点出现的梯形波电压极性与1C原来由U_K充电的封锁电压极性相反，故

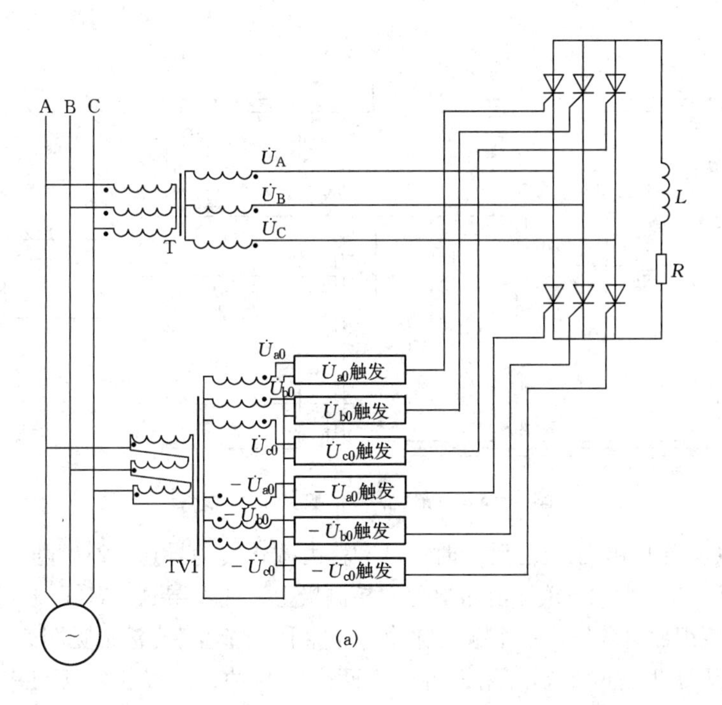

(a)

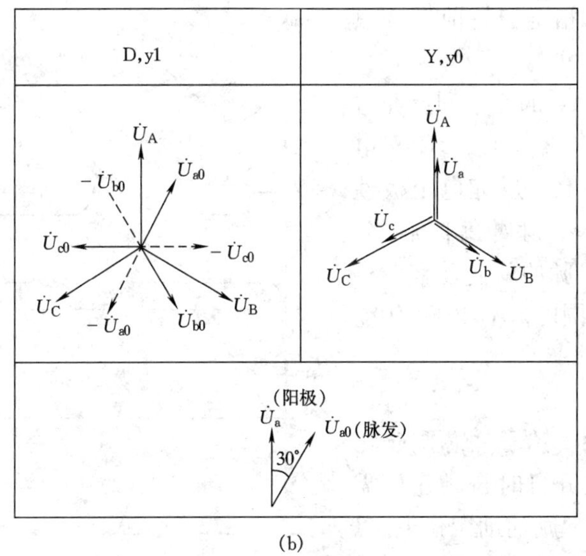

(b)

图 5-32　三相全控桥同步电路

(a) 接相电压组合接线；(b) 同步电压相量及相位分析

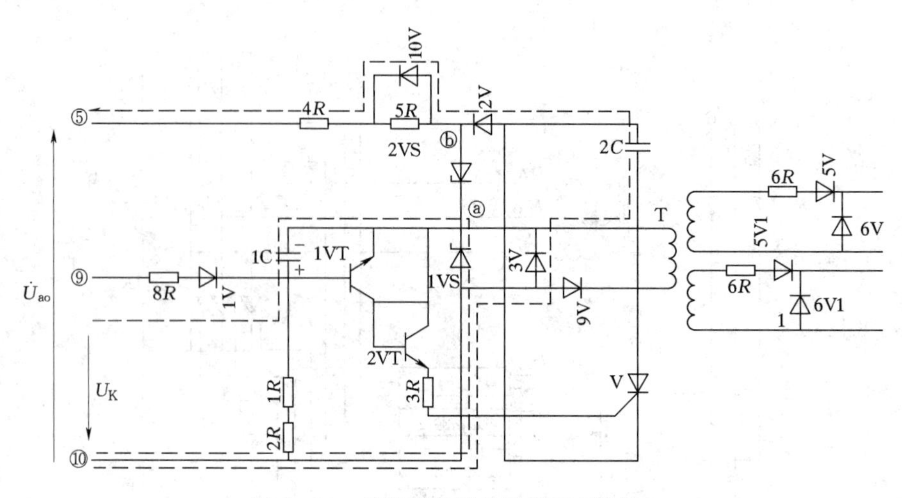

图 5－33　晶体管移相触发器原理接线

1C 被反充电。当 1C 电压极性反转时，1VT 就由截止转为导通，2VT 随之导通，2C 电压即通过 2VT 的 ce 极和 3R 加至晶闸管 V 控制极上，使 V 导通。2C 即通过 V 向脉冲变压器 T 初级绕组放电，发出一个触发脉冲，脉冲形成过程各点波形见图 5－34。

脉冲变压器 T 有两个副绕组，可产生两个窄脉冲，用以触发两只串联或并联的晶闸管，或触发三相全控桥前后两只晶闸管。

脉冲的移相由 1C 的充电和反充电过程快慢决定。U_K 增大时，1C 充电形成的封锁电压就高，反充电至极性变更所需时间就长，脉冲就向后移；反之，U_K 减小时，脉冲就向前移。移相范围为梯形波范围内，不小于 150°。

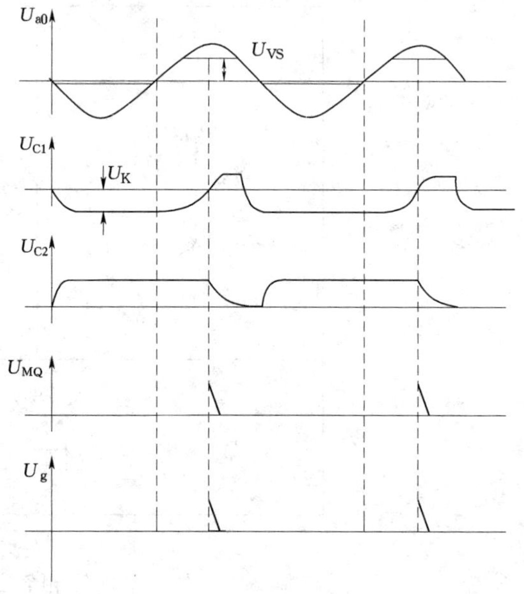

图 5－34　移相脉冲形成过程波形

六、保护电路

1. 起励单元

发电机停机后，转子铁芯剩磁比较微弱，不易满足开机时自励建压需要，故一般均附设起励辅助工作电路。常用起励方式有厂用蓄电池起励、交流电源起励和利用发电机残压起励三种。

厂用蓄电池起励接线见图 5－35（a）。起励程序是：先合上刀闸 Q1，待机组转速达 90%～100% 额定转速，投入起励接触器 Q，蓄电池就给发电机初始励磁。在发电机电压上升至 40% 额定电压，即可切出 Q，发电机即转入自励。

起励回路中接入二极管 V 用于防止励磁装置向蓄电池反充电，因反充电电流可能很大，对蓄电池及晶闸管元件不利。

在发电机容量较大，厂用蓄电池容量不能满足起励需要的情况下，可采用交流电源起励方式。交流电源起励接线见图 5－35（b）。起励程序与上述蓄电池起励相似。起励变压器、隔离变压器及硅整流桥元件容量的选择大约为空载励磁容量的 20%。

利用发电机残压起励。发电机残压太低时，晶闸管阳极电压过低，无法正常工作。但如在三相半控桥的任一只晶闸管元件上并接一只硅二极管，试验证明经过几十秒即可建立发电机额定电压。二极管在发电机电压达 50% U_C 时退出。

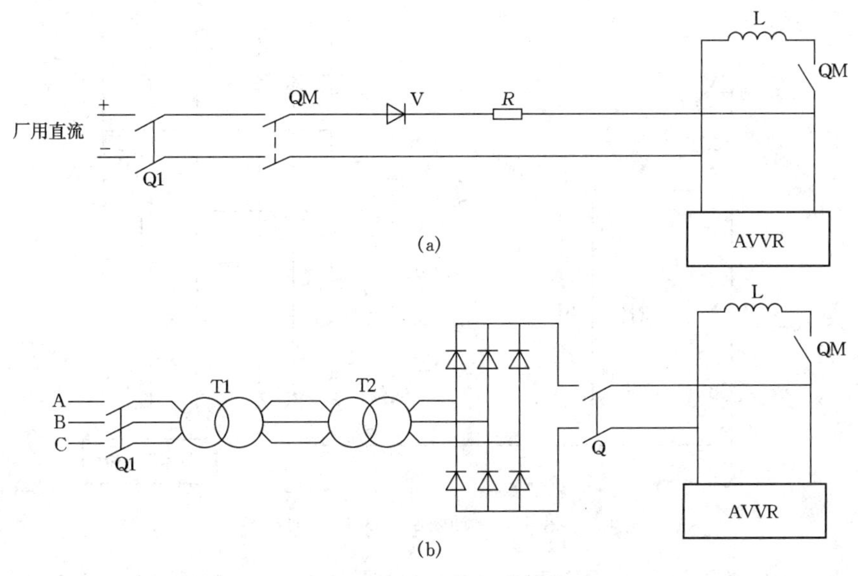

图 5－35　发电机起励接线

（a）厂用蓄电池起励；（b）交流电源起励

2. 最小励磁限制

电力系统高压线路空载运行，或无功补偿电容器在电力系统负荷低谷时未及时切除，都可能造成电力系统无功功率过剩，而造成并网运行的发电机进相运行。在自并励励磁系统中，由于电压负反馈作用，将使发电机励磁电流大为降低。从同步发电机 V 形曲线可知，发电机欠励有一个稳定极限，进入不稳定区，发电机将无法稳定运行，故必须设置最小励磁限制，保证发电机稳定运行。最小励磁限制的功能是，当发电机的励磁电流减小到危及发电机的静态稳定运行时，最小励磁限制发出信号至综合放大单元，以增加发电机励磁，保证发电机的稳定运行。

为了进行最小励磁限制，首先必须进行低励测量，低励测量的电路有许多，比如有模拟功率圆测量低励，有测量功角 δ 判别低励的，有测量有功功率和无功功率判别低励的。

3. 最大励磁电流限制

在发电机端电压下降5%时，晶闸管导通角即开放到最大，进行强励。为了避免强励电流过大，损坏发电机励磁绕组和励磁装置整流元件，故设置最大励磁电流限制电路，把强励电流限制在1.6倍额定励磁电流之内。

最大励磁电流限制电路原理接线见图5-36。

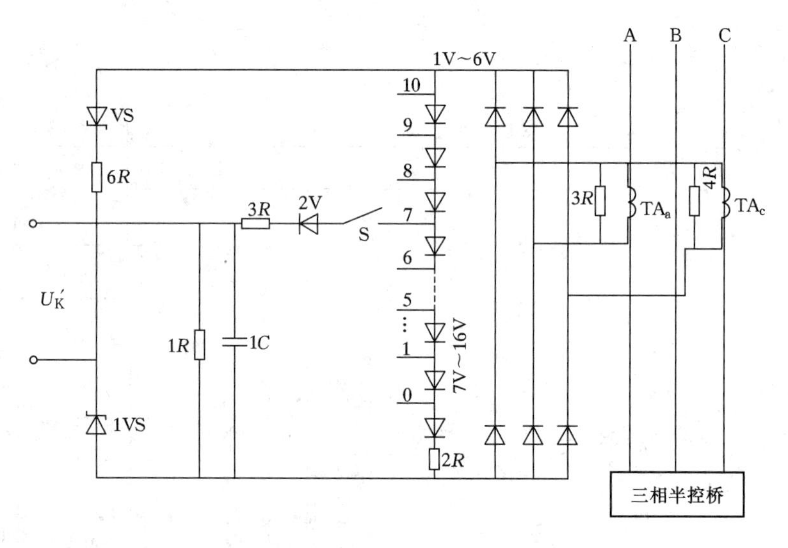

图5-36　最大励磁电流限制原理接线

电流信号由功率输出单元两只电流互感器 TA_a、TA_c 二次侧取得，分别接电阻3R和4R，将电流信号转变为电压信号。TA_a 和 TA_c 异极性连接成V形接线，形成三相，再经整流变换为直流电压信号，最后送入由VS、6R、1VS、7V~16V等构成的比较桥。

最大励磁电流限制的比较桥与前面介绍的对称比较桥相似，但其中一臂的稳压管用7V~16V代替。二极管7V~16V每只正向压降约0.6V，其值几乎不随电流大小而变，故可视为串联的小稳压管，用波段开关S，分十挡选择所需稳定电压。2R上的压降则随电流而变。两个电压加在一起反映电流限制的比较电压。

电流限制的给定电压是由VS、6R和1VS回路分压取得的，以1VS的反向击穿电压U_D作为给定电压。比较桥的输出信号为

$$U'_k = U_8 - U_D$$

式中　U_8——当S开关置于触点8位置时的比较电压。

当$U_8<U_D$时，U'_k为负值，比较桥无输出；当$U_8>U_D$时，U'_k为正值，比较桥输出一个电流限制偏差信号U'_k。该信号与综合放大单元的输出信号U_K经或门接入移相触发单元。当$U'_k>U_K$时，U_K不起作用，而由U'_k控制移相。若发电机过励，$U_8>U_D$，由U_K来限制励磁电流。

1C和3R构成RC滤波电路，用以改善最大励磁电流限制电路的工作精度。

七、晶闸管励磁装置的继电保护和附加二次回路

TKL型晶闸管励磁装置一般装有以下继电保护装置，以图5-37为例。

晶闸管励磁装置的频率特性较好，在频率45~55Hz范围内变化时，发电机电压变化率不大于15%，而且频率上升时，电压变化率还趋于减小，故不必担心甩负荷发生的过电压。本装置设置过电压保护的目的，主要是防备相位错乱，误操作或晶闸管失控引起的过电压。为了保证发电机安全，设置由过电压继电器61KV构成的过电压保护，按1.2~1.3倍额定电压整定，作用于跳发电机断路器和灭磁开关并事故停机。

发电机正常强励时受到电流限制单元的限制，最大励磁电流不超过$1.6I_{LN}$（I_{LN}为额定励磁电流）。过励保护是指三相半控桥由于相位错乱、直流侧短路、强励过程中电流限制单元失效，机组紧急停机频率下降、励磁变压器高压保险一相熔断（造成三相磁通不平衡，引起铁芯发热）等原因造成的严重过励情况。

过励保护由电流继电器61KA构成，按躲过正常强励电流整定，可取$2\sim2.2I_{LN}$，作用于发电机断路器和灭磁开关跳闸并事故停机。

晶闸管励磁装置冷却风机三相电源熔断器FU一相熔断不易发现，但继续运行会造成电动机烧坏，故在三相熔断器FU上分别并接一只电流继电器3KA~5KA，断相时，电流继电器动作，常闭触点断开，切断风机三相电源并发出停转信号。

失磁保护用于防备励磁消失造成发电机异步运行。由欠流继电器62KAV监视转子励磁电流，整定值可取0.8~0.9倍空载额定励磁电流，保护动作时作用于跳断路器和灭磁开关并事故停机。

功率输出电路晶闸管元件和硅二极管均用快速熔断器作为短路保护。为了监视熔断器是否完好，设有由二极管1V~6V和电流继电器1KA、2KA构成的熔断器监视回路。当任一臂熔断器熔断时，均可通过有关并联二极管使继电器动作，发出故障信号。

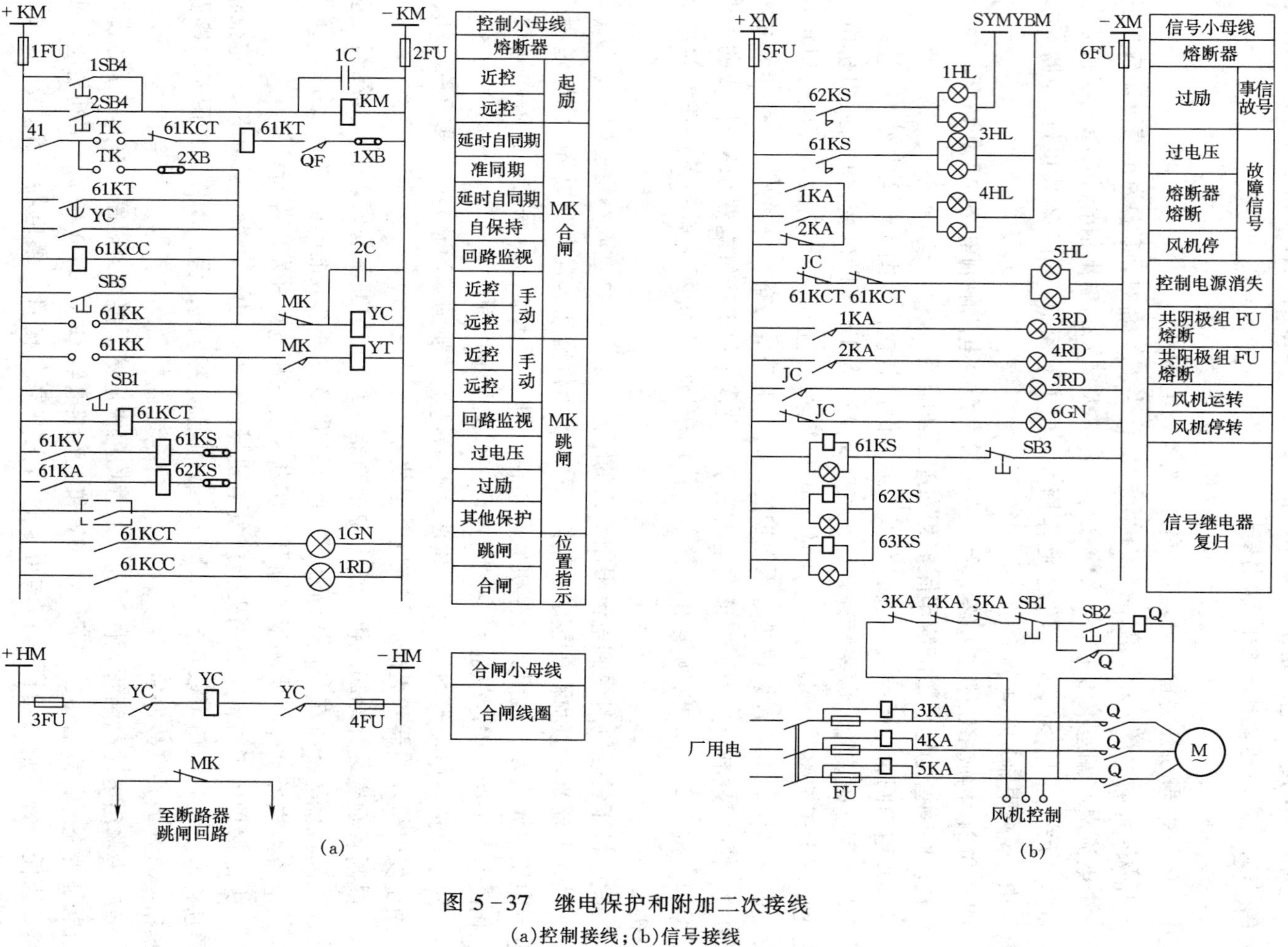

图5-37 继电保护和附加二次接线
(a)控制接线;(b)信号接线

用电阻和电容构成的过电压阻容吸收装置，在功率输出电路中用得较多：①在晶闸管和二极管上并联阻容吸收装置，用以限制换相过电压；②在三相半控桥交流侧装设三相三角形接线阻容装置，用以限制励磁变压器投切时发生的过电压；③在三相半控桥直流侧装设阻容装置用以限制回路电感产生的操作过电压。

考虑到发电机进相运行发生失步时或外部短路时，在发电机转子侧将产生对硅元件威胁较大的感应过电压，其能量较大，直流侧的阻容吸收装置不大起作用，除在选择硅元件耐压水平应加以考虑外，还在直流侧并联一只电阻 2RL 加以限制。2RL 阻值较大，约为转子线圈电阻的 100 倍。

5.6 复式励磁和相位复式励磁

本节所介绍的复式励磁和相位复式励磁为早期发电机所用，现已经逐步被先进的励磁方式替代，但在有些电厂还继续使用。

5.6.1 复式励磁

1. 复式励磁装置接线

复式励磁是根据发电机定子电流的变化而自动调节励磁的。图 5－38 为复式励磁装置接线图，其结构简单、可靠。装置主要由电流互感器 TA，复励变压器 T、整流桥 UF、复励调节电阻 R_{FL}和复励开关 QS 等组成。

图 5－39（b）为采用复式励磁的发电机外特性，表示当发电机励磁电流一定时，发电机端电压随定子电流变化的规律。从外特性曲线看出，随着负荷电流 $\dot{I}_G$ 的增加，

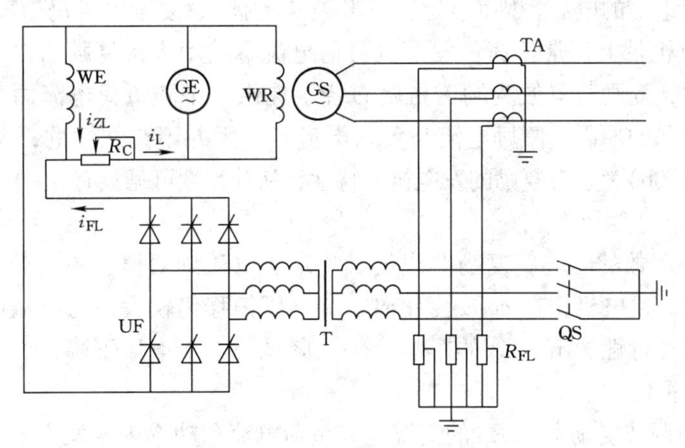

图 5－38　复式励磁装置接线图

发电机因电枢反应去磁作用增强，发电机端电压越来越下降（曲线前段）。

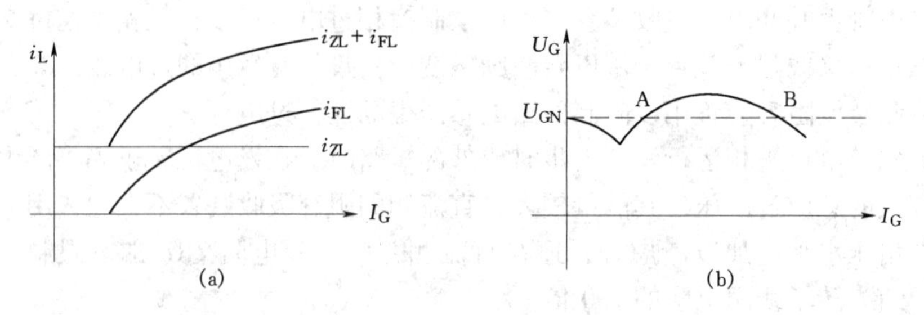

图 5-39　发电机的复励特性和外特性曲线

（a）复励特性；（b）外特性

从外特性中分析到电压下降的原因之后，我们可以采取一定的措施来稳定发电机的电压，如随着发电机负荷电流 $\dot{I}_G$ 的增加，而相应地增加发电机的励磁，从而补偿电枢反应的去磁作用，使发电机的电压稳定。

2. 复式励磁装置工作原理

励磁机励磁线圈中的电流由两个分量组成：一为自励电流 i_{ZL}；二为复励电流 i_{FL}，即 $i_L=i_{ZL}+i_{FL}$。

（1）发电机空载运行时。当发电机空载时，TA 无电流输出、$i_{FL}=0$，这时励磁机励磁电流仅由自励电流供给，其大小取决于磁场变阻器 R_c 的位置。

（2）发电机带上轻载。如果发电机负荷电流不大于 10% ~20% 的发电机额定电流，则 TA 二次电流在电阻 R_{FL}上形成的压降不大，经变压整流后输出直流电压小于励磁机励磁绕组上的电压，因而整流桥 UF 被“封锁”，复励电流仍为零。

（3）发电机带上正常负荷。发电机负荷电流继续增大，复励输出电压大于励磁机励磁电压时，复励装置便为励磁机励磁绕组提供一个随负荷电流而变的复励电流 i_{FL}。因磁路饱和的原因，复励电流与负荷电流的关系并不是线性的，见图 5-39(a) 所示。图5-39(b)为装有复励的发电机外特性，从外特性可见只有 A、B 两点能保持发电机额定电压。

（4）功率因数的影响。复励电流仅反映定子电流绝对值，不反映 $\cos\varphi$ 的变化。装设复励装置的发电机，在 $\cos\varphi$ 变化时，端电压偏移仍较大，这可从图 5-40 发电机调节特性和外特性看出 $\cos\varphi$ 的影响。$\cos\varphi$ 降低时，端电压下降，必须增加励磁才能保持端电压恒定。

（5）手动调节复励电阻 R_{FL}的情况。在负荷电流和功率因素发生变化时，要保持端电压恒定，必须手动调节 R_{FL}。调节 R_{FL} 对发电机外特性的影响见图 5-41（b），

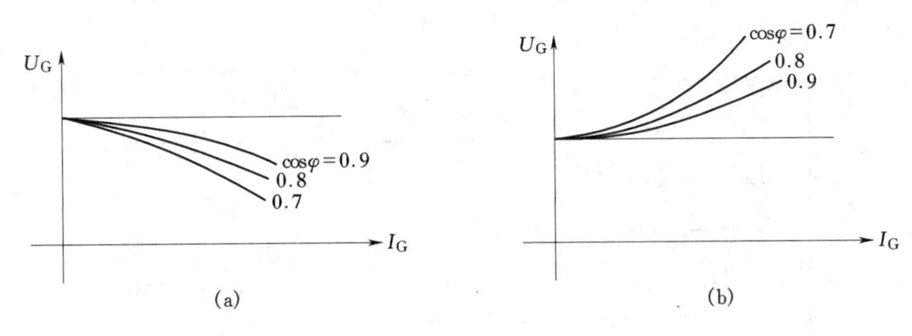

图 5-40 $\cos\varphi$ 对发电机特性的影响

(a) 外特性；(b) 调节特性

R_{FL}增大时，曲线从空载额定电压向上转动；R_{FL}减少时，曲线向下转动，也可以调节电阻 R_C 达到端电压恒定，R_C 对发电机外特性的影响见图 5-41 (a)，R_{FL}的另一个作用是平滑地退出复励。

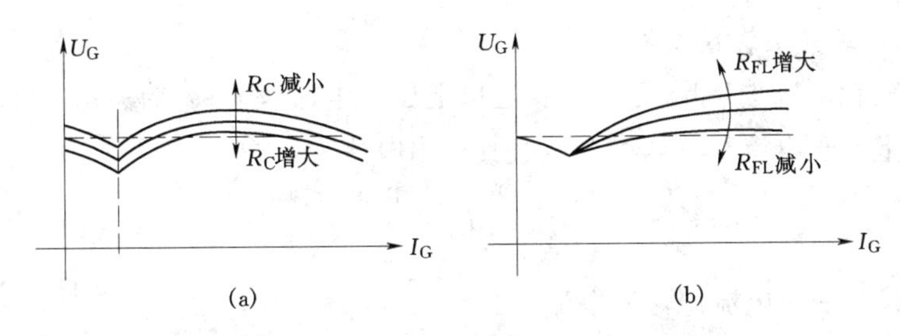

图 5-41 $R_C R_{FL}$对发电机外特性的影响

(a) 调 R_C 时；(b) 调 R_{FL}时

(6) 短路时的工作情况。在系统短路时，复励电流随短路电流增大而迅速增大，具有强励特性。短路点越近，强励作用越大，但强励程度受 TA 和 T 容量与铁芯饱和的限制。

5.6.2 相位复式励磁

1. 相位复式励磁装置接线

由于复励不能反映 $\cos\varphi$ 的变化，故该励磁方式逐渐被性能更为完善的相复励所取代。图 5-42 为相复励励磁系统接线图。

相复励变压器 T 有两个输入绕组：一个输入绕组接电流互感器二次侧，为电流源；一个输入绕组经限流电抗器 L 接电压互感器二次电压，为电压源，T 的合成磁通反映发电机的电压 U_G，电流 I_G 和 $\cos\varphi$，故称为相复励。

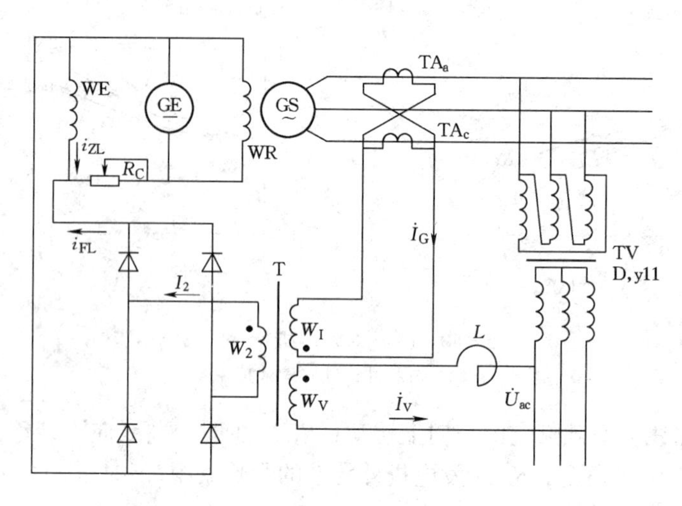

图5-42 相复励励磁系统接线图

2. 相位复式励磁装置工作原理

首先研究相复励输出电流 I_2 与发电机电压、电流及 $\cos\varphi$ 的关系。由于相复励变压器在结构上属于电流互感器类型，故其输出电流为

$$\dot{I}_2 = \frac{W_I}{W_2}\dot{I}_G + \frac{W_V}{W_2}\dot{I}_V \tag{5-30}$$

式中 $\dot{I}_G$——电流源输入电流；

$\dot{I}_V$——电压源输入电流；

W_I、W_V、W_2——T的线圈匝数。

以图5-42所示的相复励励磁系统为例，电流互感器采用两相电流差接线方式，输出电流为 $\dot{I}_A-\dot{I}_C$，所以相复励电流源输入电流为

$$\dot{I}_G = \frac{\dot{I}_{AC}}{n_{TA}} \tag{5-31}$$

式中 n_{TA}——电流互感器变比。

电压互感器为D，y1接线组别，其次级电压滞后初级电压30°。接于次级电压 $\dot{U}_{ac}$ 的负载主要是限流电抗器L。因限流电抗器的电抗比电阻大得多，故可认为电流 $\dot{I}_V$ 滞后电压 $\dot{U}_{ac}$ 90°，相复励电压源的输入电流为

$$\dot{I}_V = \frac{\dot{U}_{AC}}{jX_L} = \frac{\dot{U}_{ac}}{jX_L n_{TV}}e^{-j30°} = \frac{\dot{U}_{AC}}{n_{TV}X_L}e^{-j120°} \tag{5-32}$$

式中 n_{TV}——电压互感器的变比；

X_L——电抗器的电抗。

将 $\dot{I}_V\dot{I}_G$ 代入，可得相复励输出电流为

$$\dot{I}_2=\frac{W_I}{W_2n_{TA}}\dot{I}_{AC}+\frac{W_V}{W_2n_{TV}}\frac{\dot{U}_{AC}}{X_L}e^{-j120°} \tag{5-33}$$

令 $K=\frac{W_Vn_{TA}}{W_In_{TV}}$，$\dot{I}_L=\frac{\dot{U}_{AC}}{X_L}e^{-j120°}$ 经整理得：

$$\dot{I}_2=\frac{W_I}{W_2n_{TA}}(\dot{I}_{AC}+K\dot{I}_L) \tag{5-34}$$

由上式可知，相复励的输出电流 $\dot{I}_2$ 与 $\dot{U}_{AC}\dot{I}_{AC}$二者有关。再研究 I_2 与 $\cos\varphi$ 的关系，$|U_{AC}|$、$|I_{AC}|$ 为定值，画出 $\cos\varphi$ 不同值时的电流、电压相量图，如图 5-43 所示。

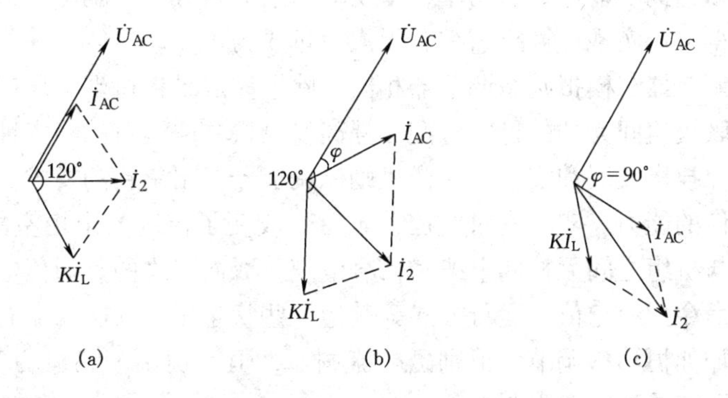

图 5-43　I_2 随 $\cos\varphi$ 的不同而不同

(a) $\cos\varphi=1$；(b) $1>\cos\varphi>0$；(c) $\cos\varphi=0$

从图中可看到，I_2 随 $\cos\varphi$ 的不同而有明显的变化，$\cos\varphi=0$ 时，$|I_2|$ 值最大。说明 I_2 与 $\cos\varphi$ 有关，同时，当 $\cos\varphi$ 不变而定子电流 I_{AC}变化时，I_2 也相应变化。

发电机空载或定子电流很小时，因电压源由电压互感器承担输出电压较高，仍能保持一定的复励电流输出，这一特点是复式励磁所不具备的。

将电压互感器断开，相当于复式励磁运行方式。

5.7　微机发电机励磁调节器

5.7.1　概述

随着发电机单机容量的增大，励磁容量也相应增大，直流机励磁机受换向容量的限制，已不能胜任，晶闸管元件出现后，直流励磁机逐渐被同轴交流励磁机或机端励磁机取代。励磁调节器则采用由晶体管，电阻、电容等分立元件组成半导体励磁调节器，使调节器性能得到进一步完善，特别是数字给定电位器取代位移电位器后，励磁调节器实现了完全无机械位移部件。经过多年发展，半导体励磁调节器功能齐全，性能稳定，故障率相对较低，基本上能满足电力系统要求。

但是半导体调节器功能均由硬件实现，增加功能就必须增加一套硬件，发展潜力受到影响，随着计算机特别是微机出现，人们着手研究计算机在励磁调节器上的应用，发展出微机励磁调节器，而半导体励磁调节器改称为模拟励磁调节器。

微机的引入使励磁调节有了质的进步，首先是现代控制理论，诸如最优控制，自适应控制等能在励磁装置上实施，大大改善了发电机和电力系统的静态和动态特性。另外还增加许多辅助功能，如恒功率，恒功率因素运行方式，励磁调节器与上位机直接通信等，使得电厂实现计算机监控和无人值班成为可能。

微机励磁调节器与模拟励磁调节器相同，除了完成维持机端电压或电力系统电压恒定；实现并联机组间无功的稳定分配，提高发电机并联运行的稳定性等任务外，随着电厂实时监控技术发展和实施，对微机励磁调节器提出了新的要求。首先，必须具备与上位机通信的能力。实施实时监控技术后，改变了传统的中控室集中控制模式。原则上中控室与机组之间无控制电缆和信号电缆，取而代之的是通信电缆。所交换的信息包括控制命令、给定值，运行方式等其他一些状态量。其次，应有多种运行方式可供选择，增加如恒功率调节，恒励磁电流调节，恒无功调节和恒功率因数调节等。最后，应具有更完善的励磁限制功能。

5.7.2　微机励磁调节器的几种方案

为了提高可靠性，微机励磁调节器一般有以下几种匹配方案：

（1）单微机带模拟通道励磁调节器，这是比较早期的方案，两通道有主从之分，微机通道为主，模拟通道为从。自动切换是单向的，只能从微机通道切向模拟通道，显然这是由于早期的微机控制系统可靠性不高所致，在微机通道故障时，自动切换到模拟通道。

（2）双微机励磁调节器。这是比较成熟的方案，目前主要用于大中型发电机。双微机励磁调节器的两个通道无从主之分，可以双向切换。理论上讲，两种微机同时发生故障的可能性较低，但在实际工程上，该方案因故障而导致机组被迫停机的事故时有发生，主要原因是切换不可靠。目前，双通道切换采用的措施有：在软件上设有自检程序；硬件上设有看门狗电路；运行通道出现故障时自动退出；由备用通道无痕迹投入等。

（3）三微机励磁调节器，该方案是在双微机方案的基础上增设一路微机通道，该通道具有全部测量功能，但不输出。三通道之间用通信联络，由第三通道裁决是A机还是B机工作。

（4）外部总线式微机励磁调节器，有些厂家为了保持自身产品的兼容性，各自定义了外部总线，不论是模拟励磁调机器，还是微机或PLC励磁调节器，都按相同的接口与外部总线连接，用户可以任意选择两套微机调节器组成双通道。

微机励磁调节器根据其数字化程序还分为全微机方式和部分微机方式。部分微机励磁方式主要有两种情况：功率变送器方式，常用于8位微机励磁调节器。由于8位微机有计算速度及数据处理能力较差，一般不做交流采样，而采用功率变送器直测。目前有响应速度快，可靠性高的功率变送器专用芯片。硬件移相方式常用于单微机带模拟励磁调节器。

图5-44是典型的双微机励磁调节的框图。A、B两机完全一致，相互独立，各自拥有测量单元，调节控制单元、移相触发单元和励磁限制单元，双机切换有用切换电路。

5.7.3 信号采集

微机励磁调节器需要采集发电机运行时的电气量（比如电流、电压量），开关量（比如灭磁开关位置信号）等。连续变化的量称模拟量。断通变化的量称为开关量，因此微机励磁装置的信号采集可分为模拟量信号采集和开关量信号采集两种。

（1）模拟量信号采集。计算机内部的信号是数字信号，模拟量信号采集就是通过一定方法将模拟电气信号变成数字信号。

微机励磁调节器一般采集4种模拟量信号。其中：

1）母线电压，仅作起励时跟踪母线电压用，可取单相，从TV3副边获得。

2）机端电压，机端电压是重要信号，通常取二路，以防止TV断线引起强励。一路从机端励磁变压器TV1副边取，一路取自机端仪用电压互感器TV2。

3）定子电流，从机端出口电流互感器TA1取得。

4）转子电流，从励磁变压器副方电流互感器TA2取得。

5）有功，无功和功率因数。这些量均可通过采样到的电流、电压信号，经计算得到。

模拟量信号采集和数字化，有两种方法。第一种方法是直流采样。见图5-45（a），电压互感器TV1将电压信号降压隔离，经过整流滤波，得到与交流电压成正比的直流电压，再通过多路开关芯片和A/D转换器将其数字化，形成反映变流电压的数字信号。对于电流信号，则先将其转变成电压信号再模数化。但是直流采样，丢失

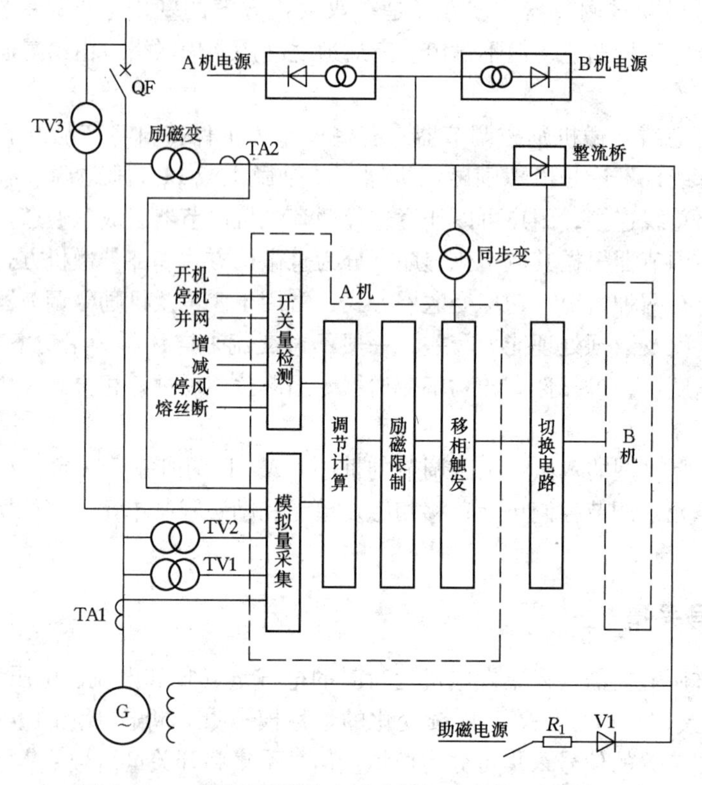

图5-44　双微机可控硅自励磁微机励磁装置原理框图

了交流电信号的过零点。不能全面反映交流模拟量的特征，因此需另设一个电路测量过零，过零时发出一个中断信号，两个中断信号之间的数字量就是半周期的模拟量。再通过瞬时值与有效值计算公式，即可得到电流电压的有效值。

当测出电压和电流量信号的过零点时间差，按照 $\varphi=\omega t$，即可算出电流电压相位差。这样就可以根据 $P=IU\cos\varphi$，$Q=IU\sin\varphi$ 算出有功和无功功率。

第二种方法是交流采样，见图5-45（b）。交流信号分时采样过程见图5-46，一般每周期采用12点采样法。三相分别采样，最后取平均值。根据傅氏算法计算为

电压实部可表示为

$$U_R = U_0 - U_6 + \frac{\sqrt{3}}{2}(U_1 + U_{11} - U_5 - U_7) + \frac{1}{2}(U_2 + U_{10} - U_4 - U_6) \qquad (5-35)$$

电压虚部可表示为

$$U_X = U_3 - U_9 + \frac{1}{2}(U_1 + U_5 - U_7 + U_{11}) + \frac{\sqrt{3}}{2}(U_2 + U_4 - U_8 - U_{10}) \qquad (5-36)$$

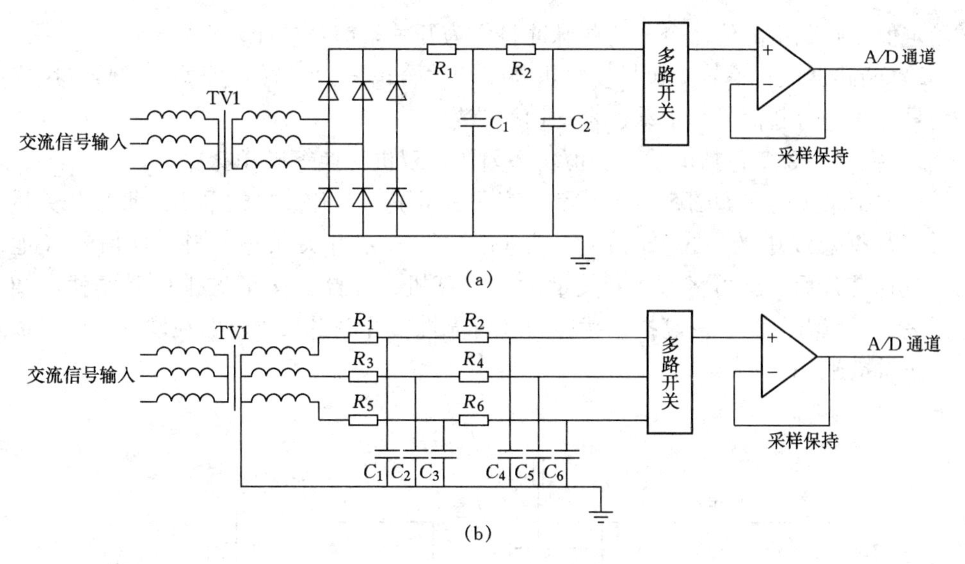

图 5－45　采样电路

（a）直流采样；（b）交流采样

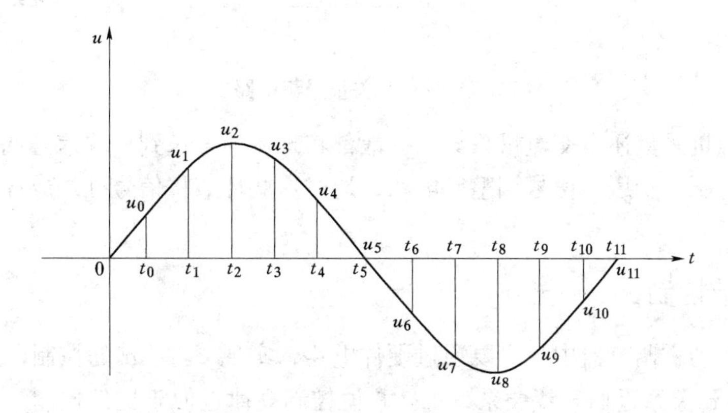

图 5－46　交流信号分时采样

电压幅值：$U=\sqrt{U_R^2+U_X^2}$　（5－37）

电流同此计算一样，只要将公式中不同时刻的电压换成电流即可。

有功功率计算式为　$P=U_R I_R+U_X I_X$　（5－38）

无功功率计算式为　$Q=U_X I_R-U_R I_X$　（5－39）

（2）开关量信号采集。微机励磁调节一般采集以下开关量：

1）励磁调节令。常通过一定电路，以电脉冲方式给微机励磁调节器发出诸如励

磁给定值，励磁增减值命令，这些脉冲将作为开关量信号被计算机采集。

2）断路器位置信号，包括发电机断路器关合信号、灭磁开关关合信号、风扇起停信号、快速熔断信号和手动、自动切换信号。

3）操作指令，包括恒功率、恒功率因数、双机切换等操作脉冲。

开关量采集电路如图5－47所示，该图表示了一个开关量的采集。每个开关量状态对应数据总线中的一位数，用“0”或“1”表示开关状态，当片选信号（地址码）选通芯片后，就可将这些开关量读入计算机，计算机按事先排列顺序就可知相应开关量的状态。为了提高抗干扰能力和可靠性，开关量采集电路在硬件主要采取隔离和防抖措施。

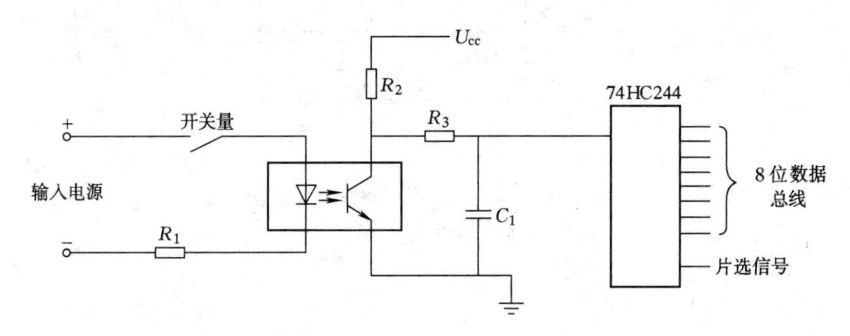

图5－47 开关量采集电路

不论模拟量采集还是交流量采集，一般都将现场信号送到一块信号调整板上。该电路板上有稳压、变压、信号调整等电路，通过这些环节将信号处理成计算机可接受的信号。

5.7.4 调节控制

在传统的励磁调节器中，主要通过硬件电路，实现 U_K 对 α 的控制，从前分析我们知道 U_K 与 α 关系近似直线关系，也就是说控制规律近似于比例控制。在微机调节励磁中这些控制规律依靠软件完成。因此，可以构成性能更完善的调节规律。控制规律有很多种，主要有P1D运算调节等几种方法。

1. P1D调节计算法

该方式通过对电压偏差 ΔU（e）进行积分、微分，比例运算后得到控制量来控制 α，使调节性能更好。为了便于计算机计算积分、微分，P1D算法在微机励磁调节器内采用增量算法，其表达式为

$$y(k)=y(k-1)+K_P\{e(k)-e(k-1)+K_Le(k)+K_D[e(k)+2e(k-1)+e(k-2)]\} \quad (5-40)$$

式中　$y(k)$——输出值。是第 k 次 P1D 计算结果，相当于 U_K 值；

$y(k-1)$——第 $k-1$ 次计算结果；

K_D、K_L、K_P——比例、积分、微分系数；

$e(k)$——偏差量，相当于电压偏差 Δu。

2. 电力系统稳定器（PSS）

改变发电机励磁电流可以改变转子与定子间的相角 θ，即通过励磁调节，可以改善系统稳定情况，这种作用称为电力系统稳定器，简称 PSS，进行这种控制时，把转子转速的变化量与基准值或给定值（预先确定的频率 50Hz）的差值当作偏差量，进行 P1D 运算，结果与发电机电压 P1D 结果叠加，再对控制角 α 进行控制。

3. 静态调差

为实现并联机组间无功稳定分配，模拟励磁调节器设有调差电路，微机励磁调节器沿用了此概念，只是实现方法不同，其算式在偏差中减去无功功率的百分比；可实现正负调差。系数范围可达±15% 。

5.7.5 移相触发和脉冲放大

微机励磁调节器采用的软件移相触发。与模拟式移相触发相类似，也是由同步移相，脉冲形成和脉冲放大等环节组成。

（1）同步环节。同步电路的作用是对同步变压器二次电压进行处理，以此作为定时计数器（数字移相元件）的门控信号，指明控制角 α 的计时起点，触发相应的晶闸管。

同步信号的采集一般有两种方式：一种是采集单相同步信号，其他几个同步点由计算机算出；另一种方式是由硬件实现 6 个同步点。

由硬件实现的同步电路见图 5－48，线电压经方波整形可得宽度为 180°的方波，它们各自的反相器输出也是 3 个 180°的方波，这 6 个方波依次相差 60°，且它们的上升沿正好与 6 个自然换相点对应，分别接到两个 8253 芯片的 6 个 Gate 端，作为三相全控桥各晶闸管控制角 α 的计时起点。同步信号整形电路采用的抗干扰措施：一是采用电容耦合方式引入同步变压器二次电压，二是用光电管隔管实现模拟部分与数字部分电气隔离。

（2）数字移相环节。数字软件移相也分为线性和余弦移相。我们知道调节计算的结果相当于模拟综合放大单元的输出电压 U_K，线性移相直接把 U_K 转换成控制角 α，余弦移相则先把 U_K 求反余弦，再转换成 α 角。

在软件移相中，α 角的大小是用计数脉冲个数 D 来表示的，首先求出触发脉冲距 α 角起始点的延时 t_α 其计算公式为

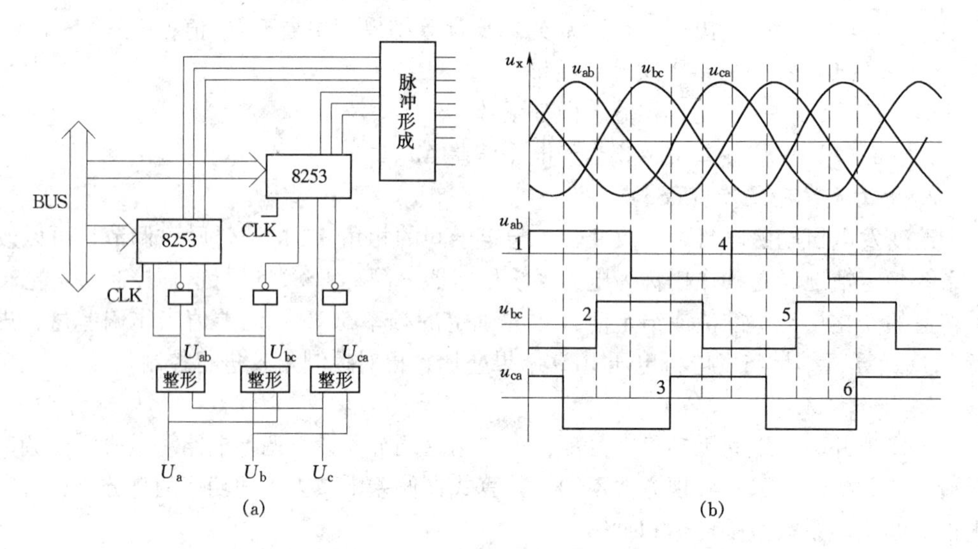

图5-48　三相数字移相脉冲原理
（a）接线示意图；（b）同步电压波形

$$t_{\alpha} = \frac{\alpha}{360}T \qquad (5-41)$$

式中　T——可控硅交流电源的周期。

再将 t_{α} 折算成对应的计数脉冲个数，如果加到微机励磁调节器中的定时/计时日计数脉冲的频率为 f_c，则与 t_{α} 对应的计数脉冲个数为

$$D = t_{\alpha}f_c = \frac{\alpha}{360}Tf_c \qquad (5-42)$$

整个移相触发的过程是：如果控制角 α 经计算得出，则可以算出脉冲个数 D，经过数据总线送到8253芯片中，计数器为减法计数器，整形的方波上升沿起动计数器，计数结束后，计数输出端输出信号，经功放和脉冲变压器，形成脉冲去触发相应的晶闸管。

5.7.6　辅助功能和励磁限制

微机励磁调节器因为软件的灵活性，比模拟励磁调节增加了许多辅助功能，各种限制功能也有所完善。

（1）恒励磁电流方式，这种方式又称电手动，电压互感器断开时自动进入此方式，也可以在励磁机试验时，人为切换到此方式。该方式以稳定励磁电流为目的，无强励强减功能，其算法是以励磁电流为给定值，测定电流偏差 i（k），进行P1D运

算，得到控制电压 u_k（k）经移相触发拉制 α 角，达到恒励磁作用。

（2）恒无功功率方式，机组并入无限大系统后，可进入恒无功功率方式。多运用在并列运行机组上，以无功功率作为给定值，测无功功率偏差 q（k）进行 P1D 计算。

（3）恒有功功率，以恒无功功率方式为基础，根据发电机有功功率，计算出给定 $\cos\varphi$ 下的无功功率，以此无功功率作为给定位，做恒无功运行。

（4）跟踪母线电压起励方式。该方式是建立在恒机端电压运行方式下，把母线电压作为恒电压方式的给定值，即成为跟踪母线电压的起励方式，常在机组起动时用，机组并入系统后，自动返回恒压运行。可以缩短机组并网时间。

（5）伏赫限制。发电机频率低于 45Hz 时，调节器输出为 0，即进入逆变状态；当电机频率高于 52Hz 时，增加频率修正，使发电机端电压恒定。

（6）快速熔断器熔丝熔断限制，快速熔断器熔丝熔断后，控制强励，只提供额定励磁。

5.7.7 通道切换

微机励磁调节器常采用双微机备用方式，通道切换就是指主从通道的互换，切换不可靠，双微机就失去原有意义。通道切换电路示意图见图 5-49。

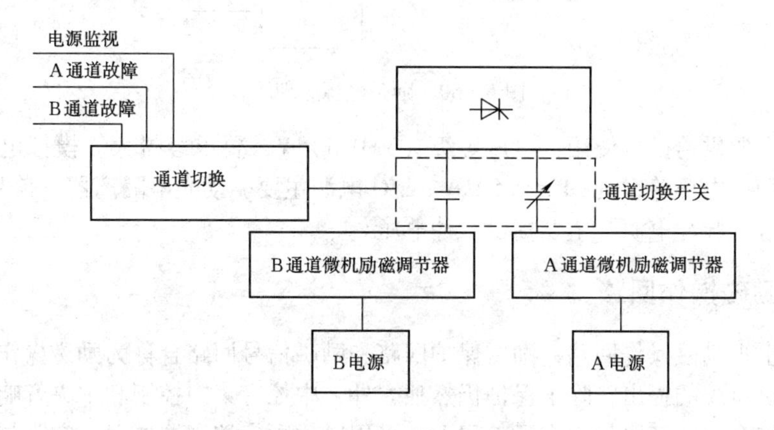

图 5-49　通道切换示电路

其工作过程是微机励磁调节器运行时，A、B 通道都进行数据采集和运算调节工作，只是 A 通道控制整流电路，我们通过看门狗电路检测 A 或 B 通道故障，假如 A 通道是主通道，当检测出故障后，就通知通道切换电路，将 A 退出，B 投入。

看门狗电路是微机故障检测常用手段。它能有效地检测各种常见故障，诸如死机，程序跑飞等。

电源监视是通道切换必备功能，数字电路对电源电压要求很高，不能超出（5±0.5）V范围，应设置电源检测电路，A路电源超出范围时，也要进行通道切换。

除此之外还有控制脉冲检查和同步信号检查。

5.7.8 微机励磁调节器的电源

微机励磁调节器对电源质量要求很高，许多微机励磁调节器故障都是由电源引起。一般选用开关电源。图5-50为微机励磁电源原理图。

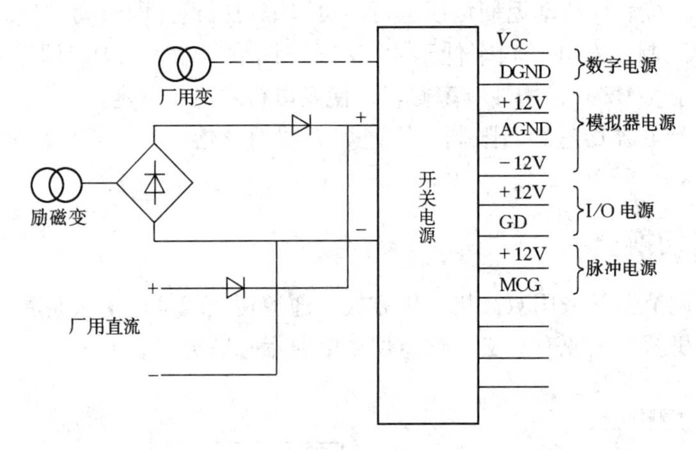

图5-50 励磁电源原理图

数字电源供给微机使用，电压等级（5±0.5）V，要求容量大。模拟电源提供采样等电路用，电压等级（±12±0.5）V。I/O电源主要驱动光电隔离器，信号继电器，光字显示等。脉冲电源，主要提供脉冲电压。

5.7.9 励磁操作回路

习惯上把励磁操作回路，励磁保护回路和励磁信号回路合称为励磁操作系统。随着无人值班概念的提出，除了保护仍然独立外，中控室集中控制和中央音响系统大多被监控系统合并甚至取代。实际工程上，采用励磁顺序控制器方案，它既与机组自动操作分开，又与励磁调节器分开。一般用PLC可编程控制器实现，可与上位机通信。

（1）灭磁开关操作。①开机准备时，机组转速至95%额定转速时，由PLC控制合上灭磁开关，准备励磁升压；②机组解列后，转速下降到85%转速时，由PLC控制跳灭磁开关；③自同步并网时，待机组并入系统后，由PLC延时合上灭磁开关。

（2）起励助磁操作，灭磁开关合上后，投入助磁电源，电压上升后切除。

（3）风机控制，机组起励建压后即投入冷却风机，停机降压后将风机退出。

（4）异常信号和状态指示。异常信号有灭磁开关合闸回路故障，跳闸回路故障，起励不成功，快速熔断器熔断；状态量有灭磁开关合、分位置，风机起停，熔断器熔断等。

5.7.10 可编程励磁调节器

最初的 PLC 可编程控制器主要是顺序控制，随着技术进步、现代的 PLC 可编程控制器具有可靠性高，扩展模块信号处理功能丰富等优点，逐步在调节控制领域取得发展。

图 5－51 是可编程励磁调节器框图。与微机励磁调节口相比，PLC 励磁调节器的功率测量和频率测量采用专用芯片，移相触发也有专门模块，可以直接选用。

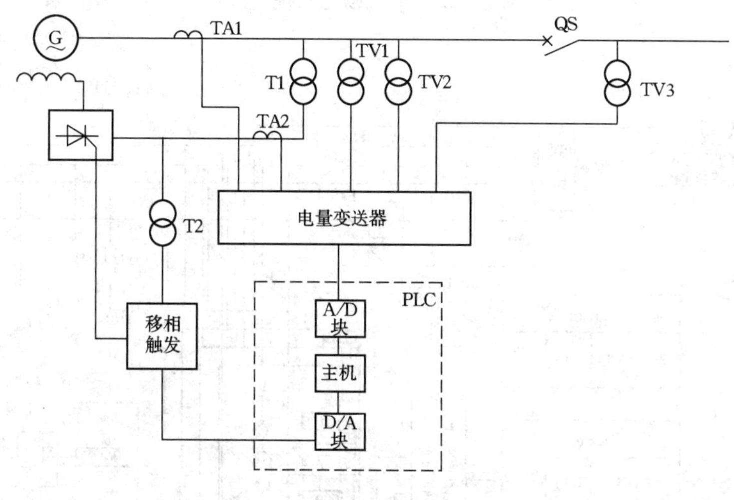

图 5－51 PLC 励磁调节器框图

5.7.11 微机励磁调节器举例

以广州电器研究所出品的 EXC9000 系统为例来介绍微机励磁系统。EXC9000 静态励磁系统由调节柜、功率柜、灭磁开关柜，非线性电阻柜，励磁变压器组成。其系统构成见图 5－52。

该系统采用 CAN 总线技术（控制器局域网），使励磁系统各部分通过网线联系，可以进行控制和信息交换。使 EXC9000 系列成为一个有机的整体。

EXC9000 系统原理如图 5－53 所示。

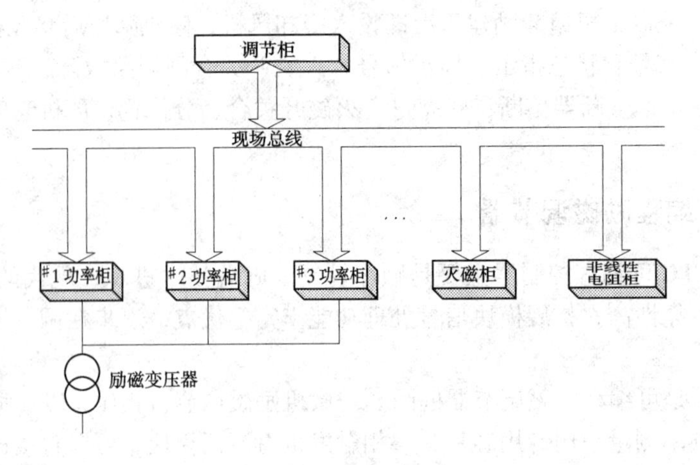

图5-52　微机励磁系统构成

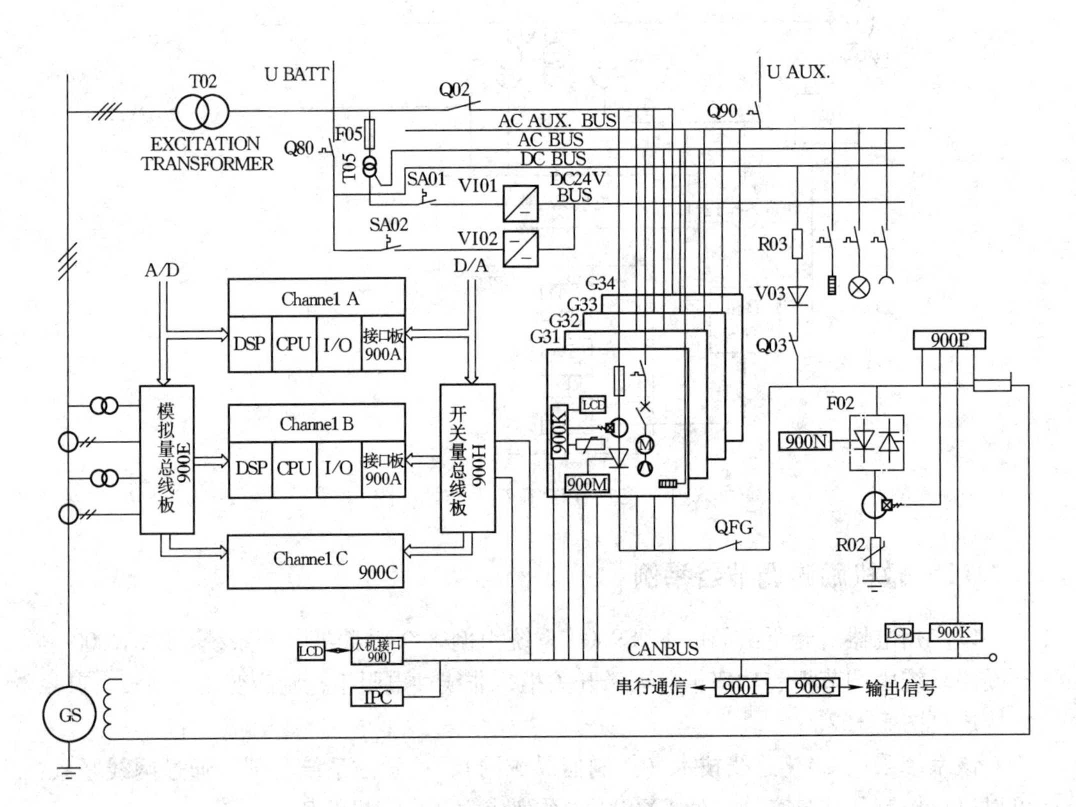

图5-53　EXC9000系统原理图

1. 调节器

调节器承担数据采样计算、控制计算等任务。

（1）调节通道。本系统采用微机/微机/模拟三通道双模冗余结构，由两个自动电压调节通道（A、B）和一个手动调节通道C组成。三个通道从测量到脉冲输出完全独立，使用主从工作方式，一个电压调整通道作主通道，另一个作备用，手动调节通道作第二备用通道。通道结构如图5-54所示，生产厂家还可提供其他通道组合方式供用户选择。

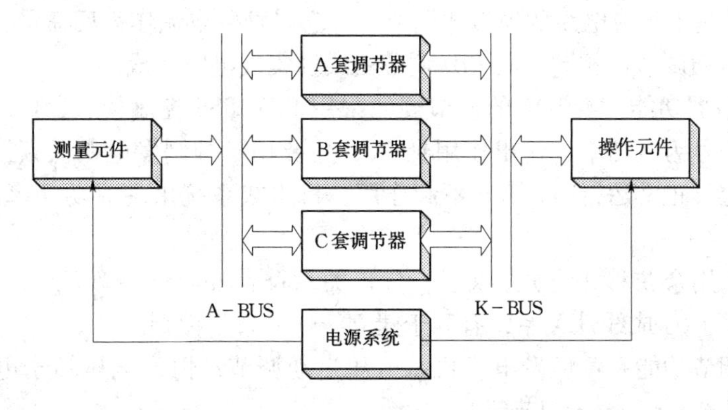

图5-54　微机/微机/模拟三通道结构图

（2）调节器硬件。调节器硬件由通道总线板，模拟量总线板，开关量总线板，人机界面，接口电路等组成。硬件方框图如5-55所示。

调节器硬件具体包括：

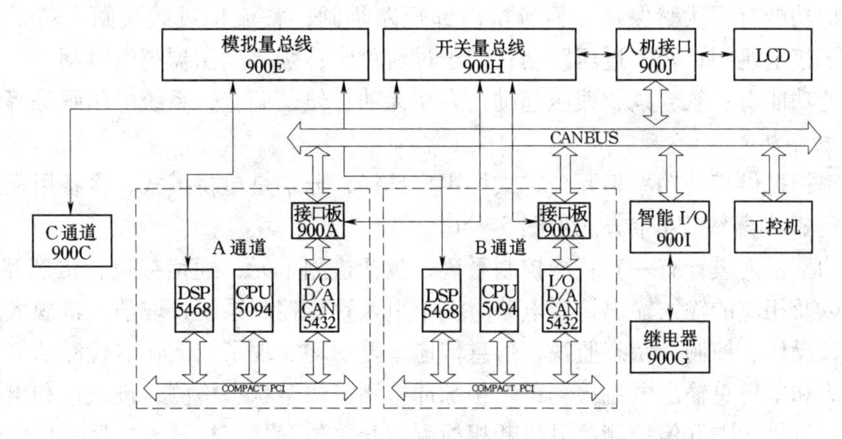

图5-55　调节器硬件方框图

CPU板，DSP测量板，I/O板，接口板各一块；一个独立手动控制通道板，一块开关量总线接口板，一块模拟量总线接口板，一块现场操作单元板，一套人机界面，一块智能I/O及相应继电器输出板。

自动通道采用多CPU模式，核心是COMPACTPCI总线工控机，不同的CPU处理不同的任务。主要完成控制计算和数据处理；DSP芯片每周期32点相量采样用于计算发电机端电压、发电机电流、有功、无功和机端频率。此外，DSP还采集励磁电压、电流，系统电压等。通过双口RAM，DSP将采样结果传送到主CPU板。

C通道是基于集成电路的模拟式调节器，它以励磁电流作为反馈量，实现原理和实现途径与自动调节器相同。其PID调节由线性集成电路完成。

（3）调节器功能。本调节的调节规律采用PID+PSS控制模式，PSS采用电功率型，其输入信号为电功率，输出作用到U_K，主要用于抑制发电机低频振荡，有助于提高电网稳定。正常运行时，PSS不起作用，机组或系统出现有功功率低频振荡时，PSS开始动作。

调节器采用余弦移相方式，即U_K与α关系符合$\alpha = \arccos(U_K)$，这样处理后，可以保证U_K与U_d成线性关系，有利于建立线性的教学模型。

调节器调节功能有：恒发电机机端电压自动调节；恒发电机转子电流的手动调节；恒无功调节；恒$\cos\varphi$调节等。

调节器限制功能有：伏赫限制（主磁通量限制）；过励、欠励限制；定子电流限制；最大、最小磁场电流限制等。

调节器检测功能有：PT断线；电源故障；调节器软、硬件故障；脉冲故障；整流桥故障；转子过热故障；励磁变压器超温报警等。

保护功能有：伏赫保护；整流桥内部短路跳闸；整流桥过载跳闸；转子过热跳闸；转子接地跳闸；转子过压跳闸；转子过流跳闸；励磁变压器超温跳闸。

其他功能有：软起励，残压起励，有功无功补偿，调差，系统电压跟踪等。

2. 功率柜

功率柜提供三种功率柜冗余方式供用户选择，分别是单桥模式、冷备用模式和并联运行模式，功率柜冗余方式见图5－56。

在功率柜内设计有一套智能控制系统，包括检测单元，通信接口，传感器，LCD显示器以及相应的输入输出接口电路。由于引入智能控制系统，取消了常规表计和指示灯，其操作、控制，状态监视，信息传递，显示均实现了智能化。检测功能主要有桥臂电流和单桥总输出电流检测；六相脉冲检测；快熔状态检测；进风口和出风口温度检查；风机运引开停检测；风机断相检测；开关位置状态检测等。显示功能包括当前电量状态显示，当前故障显示和历史记录显示等。

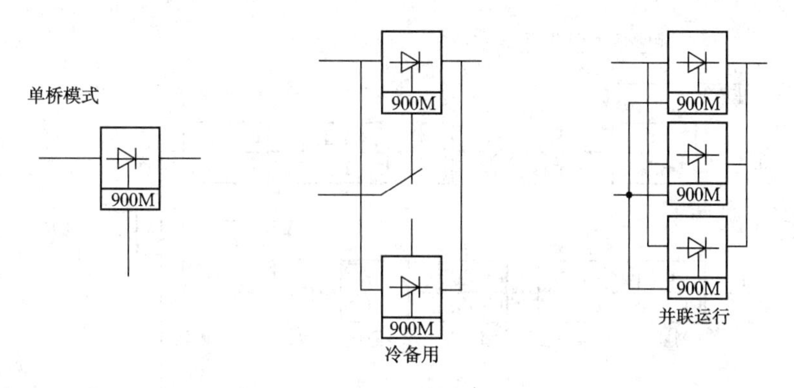

图 5－56　功率柜冗余方式

3. 灭磁开关柜和非线形电阻柜

EX9000 系统采用的灭磁及过压保护原理框见图 5－57。

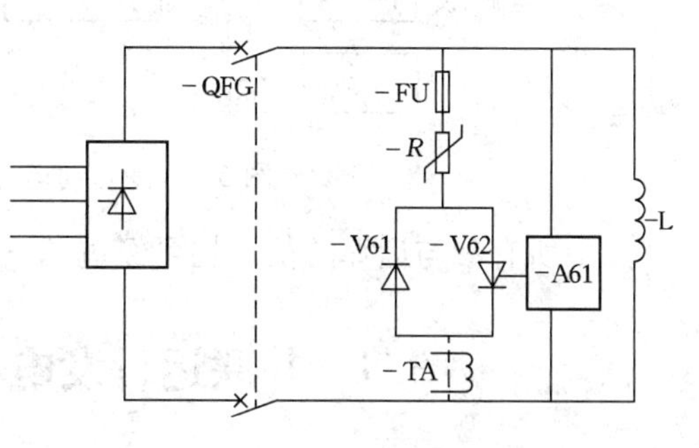

图 5－57　灭磁及过压保护原理图

励磁系统正常停机时，调节器自动逆变灭磁，事故停机时，将磁场能量转移到耗能电阻上灭磁。

当发电机处于滑极等非正常运行状态时，将在转子回路产生很高的感应电压，此时安装在转子回路中的转子过电压检测单元 A61 模块将检测转子正向过压信号，触发 V62 可控硅元件，将耗能电阻 R 并入转子回路，消耗产生过压的能量；而转子回路的反向过压信号则直接经过 V61 二极管接入耗能电阻吸收能量。以确保发电机转子始终不会出现开路，从而可靠地保护转子绝缘不受到破坏。

过压保护动作的同时，还可以通过监测电流互感器 TA 的电流信号向监控系统发出相应的指示。

灭磁柜内也安装了一套智能控制系统，可以测量励磁电流、电压，计算转子绕组温度，开关位置和开关动作次数。这些信号通过 CAN 总线与调节柜和功率柜互连，实现了信息的双向高速传输。

自动运行方式下，电压调节器（AVR），电力系统稳定器（PSS），励磁电流限制器等是相互配合的一个整体，称为自动励磁调节器（AER），AER 还包括调差单元及各种限制功能单元。

自动运行方式数学模型见图 5－58。

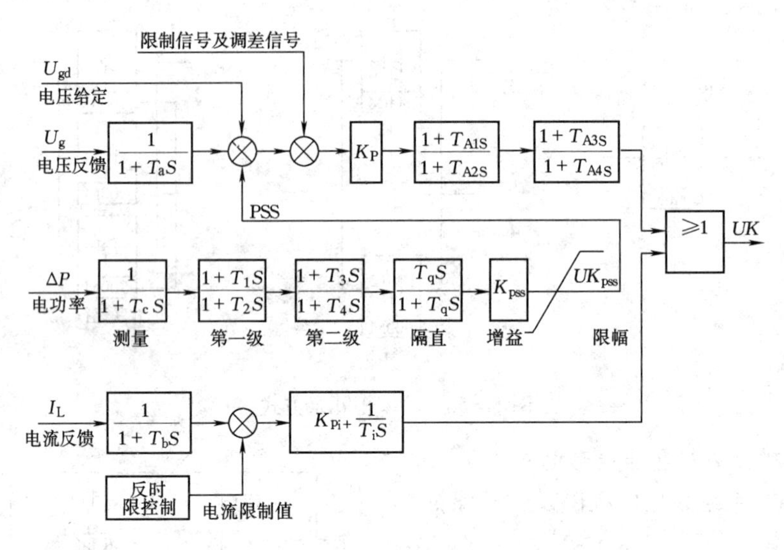

图 5－58　自动运行方式数学模型图

图中所有参与运算的信号均可经过调试软件修改。

5.8　并联运行发电机间无功功率分配

并列运行同步发电机，在电力系统无功负荷发生变化时，将引起各机组间无功负荷的重新分配，如果各发电机的自动调节励磁装置调差系数调整的适当，可以实现无功负荷在机组间的合理分配，因为改变调差回路中的电阻，可以改变发电机外特性直线的斜率。因此，并联运行发电机间无功功率合理分配就是合理整定各发电机励磁调节器的调差系数。分析如下：

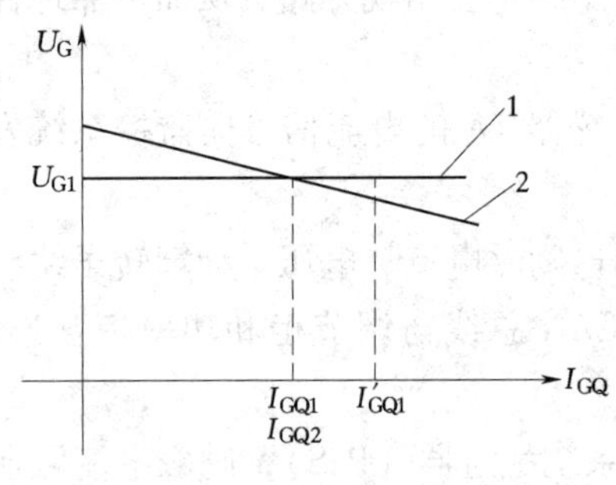

图 5－59　一台具有正调差特性，一台无差特性的发电机调压特性曲线
1—具有无差特性；2—具有正调差特性

(1) 一台具有正调差特性，一台无差特性的发电机并联在同一母线上运行。两台发电机的调压特性曲线如 5－59 图所示。其中#1 机调差系数为零，如直线 1；#2 机调差系数为正，如直线 2。机压母线电压为 U_{G1} 时，从特性图上可以看出，#1 和#2 机承担无功电流均为 I_{GQ1}；但当母线电压不变，负荷无功增加，#2 机承担的无功电流仍为 I_{GQ1}，而#1 机承担的无功仅由负荷决定。这种无功分配方式是不合理的。所以实际

上很少采用。

（2）一台正调差和一台负调差特性的发电机并联在同一母线上运行，如图 5－60 所示。第一台发电机为负调差特性，第二台发电机为正调差特性。当两台机在同一母线上并联运行时，若并联点母线电压为 U_{S1}，两台发电机相应的无功电流为 I_{GQ1} 和 I_{GQ2}，但这是不能稳定运行的，因为当具有负调差特性的发电机无功电流增加时，励磁调节器感受的电压下降，这将驱使该台发电机励磁增加，结果其无功电流将进一步增加，机组无法稳定运行。

（3）两台正调差特性发电机并联运行，如图 5－61 表示。两台发电机均具有正调差特性。若并联点母线电压为 U_{S1}，两台发电机相应的无功电流为 I_{GQ1} 和 I_{GQ2}，两者具有确定的关系。比如由于某种原因使无功电流上升（下降），励磁调节器感受的电压上升，驱使调节器输出降低（增加），发电机励磁降低（增加），又使无功电流上升（下降）。可见，两台正调差特性发电机并联运行可以维持无功电流的稳定分配，两机能稳定运行，保持并联点母线电压在正常水平。

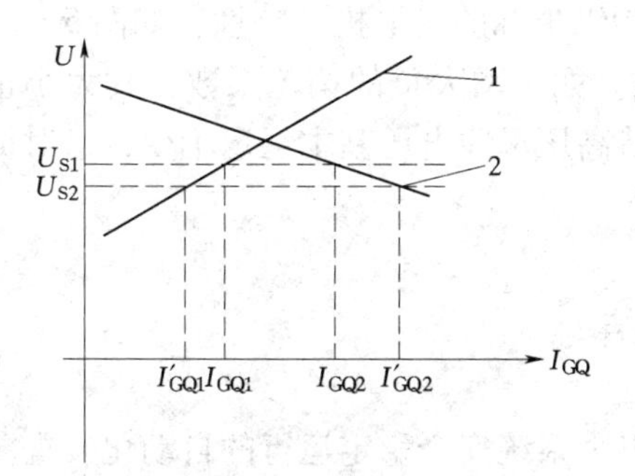

图 5－60 一台正调差和一台负调差特性的发电机并联运行

1—具有负调差特性；2—具有正调差特性

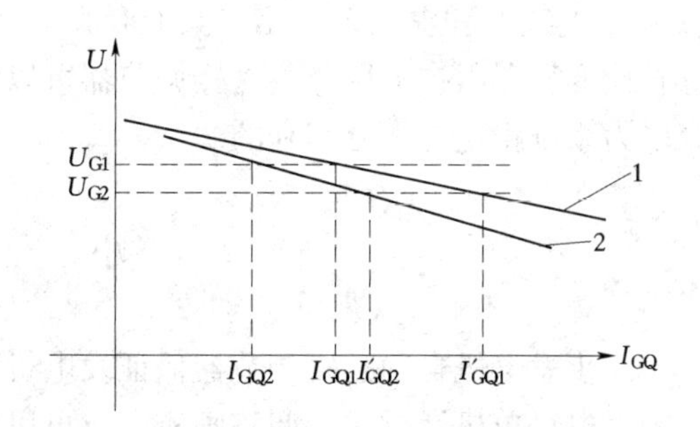

图 5－61 两台正调差特性发电机并联运行

1—特性 1；2—特性 2

（4）发电机经升压变压器后并联运行，如图 5－62（a）所示。若将变压器 T1、T2 的电抗 X_{T1}、X_{T2}，分别合并到发电机 G_1、G_2 的阻抗中，则对并联点高压母线电压 U_S 来说，其外特性应该是下倾的，见图 5－62（b）中实线 1 和实线 2 所示，这样才能稳定两台发电机无功负荷的分配。

但考虑到两台发电机感受到的电压是机端电压 U_{G1}，U_{G2}，计及变压器压降 $j\dot{I}_{GQ1}X_{T1}$，$j\dot{I}_{GQ2}X_{T2}$ 与 $\dot{U}_S$ 同相位，故有

$$U_{G1} = U_S + I_{GQ1}X_{T1}$$
$$U_{G2} = U_S + I_{GQ2}X_{T2}$$

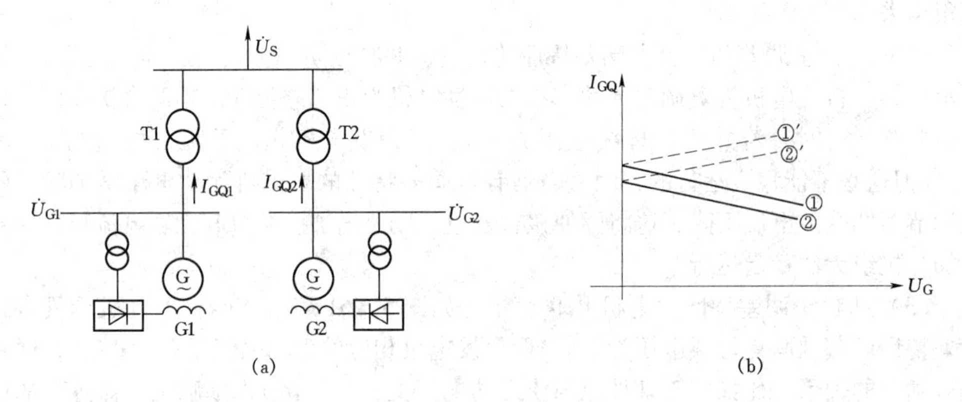

图 5－62　两台发电机经升压变压器后并联运行
(a) 接线图；(b) 外特性曲线
①、②—具有正调差特性；①′、②′—具有负调差特性

根据以上两式，可以作出分别以 U_{G1}、U_{G2} 为纵坐标的发电机外特性，如图 5－62（b）中虚线 1′和虚线 2′所示，具有负调差系数。如果增大负的调差系数，其大小正好补偿变压器阻抗上压降，这样调节器可以维持高压母线电压基本恒定不变，这对提高电力系统稳定是十分有利的。

小　　结

同步发电机自动励磁调节器保证发电机和电力系统安全稳定运行的自动化装置。

发电机单机运行时，调整励磁电流可以维持机端电压稳定，并列于无穷大系统运行时，调整励磁电流可以改变发电机无功输出，并列于有限容量系统时，调整励磁电流可以改变发电机无功输出和机端电压，这是自动励磁调节装置进行调整的基本原理。

不论是直流机励磁还是可控硅励磁，通过采取技术措施，可以根据发电机电压，电流，功率因数，甚至无功功率、角频率等参数来调节转子回路的励磁电流大小，从而控制发电机电压和无功功率。这种控制是闭环的控制。

励磁方式有多种多样，随着技术的进步分别采用过直流机励磁，交流机—静止二极管整流励磁，静止可控硅励磁等。目前广泛采用静止可控硅励磁技术。

可控硅整流电路有三相半控和三相全控之分。

反映发电机实际运行状况和给定值的控制电压 U_K 控制可控硅控制角 α 的大小，为了获得合理的控制电压，自动励磁调节装置有一个“电压调节器”，电压调节器的

构成采用过晶体管分立元件、集成电路和计算机这几种形式，由调差回路、限制回路、测量比较、综合放大、手动自动切换等环节组成。

具有自动励磁调节器的发电机，调差系数是重要参数，不同的调差系数，对发电机运行有不同的影响。

复习思考题

5－1　自动调节励磁装置的主要作用是什么？

5－2　对自动调节励磁有哪些基本要求？

5－3　强行励磁的作用如何？何谓强励顶值电压、励磁电压上升速度？继电强励装置工作原理怎样？接线应注意什么问题？

5－4　发电机为什么要灭磁，有哪些灭磁方法？

5－5　为什么单独使用复励不能自动维持发电机端电压恒定？

5－6　相复励为什么能通过反映 $\cos\varphi$ 的变化来调节励磁？分流电抗器 L 的作用如何？为什么运行中一般要采用过相复励？

5－7　三相半控桥为什么要加装续流管？运行中续流管坏了会有什么现象出现？

5－8　三相半控桥触发脉冲丢失或相位错乱会产生什么问题？

5－9　何谓同步电路的零点对齐？试就图分析同步电路是否做到零点对齐？

5－10　不对称比较桥的工作原理怎样？如何调整发电机给定电压？

5－11　说明晶体管移相触发电路的工作原理？

5－12　最大励磁限制电路有何作用？为什么还要装设继电器 61KA？

5－13　手动、自动切换如何实现无痕迹切换？

第 6 章

故障录波装置

【教学要求】 了解故障录波装置的作用，录取量的选择应满足的要求。了解微机故障录波装置的基本原理。掌握微机故障录波装置录波结果分析方法。掌握故障录波装置的起动方式，了解录波数据采样及记录方式。

6.1 概　　述

当电力系统发生故障时，电力系统电气量的理论计算值与实际值有多少偏差，继电保护等自动装置的实际动作情况又如何，电气设备受冲击程度怎样，这些对安全稳定运行有十分重要意义而理论上实验中难以获得的瞬间信息，是电力系统中有重大意义“情报”。为了获得这些信息，电力系统配置能记录故障参数的故障录波装置。《电力系统继电保护和安全自动装置技术规程》规定：在主要发电厂，220kV 及以上电压的变电所和 110kV 重要变电所，应装设故障录波装置。其主要作用是：

（1）为正确分析事故原因，及时处理事故提供重要依据。根据所记录的故障过程波形图和有关数据，可以准确反映故障类型、相别、短路电流电压等数据、断路器重合闸动作情况等，为分析和处理事故提供可靠的依据。

（2）根据录取的波形图和数据，可以较准确判断故障地点范围，可以准确评价保护及自动装置的正确性。

（3）根据录取的波形图，可以分析研究电力系统振荡规律，波形图可以清楚反映振荡发生、失步、振荡的全过程以及振荡周期、频率、电流电压特性，为研究对策提供依据。

（4）由于录波图能反映继电保护和自动装置的缺陷，可及时清除事故隐患，可见，故障录波装置对保证电力系统安全运行有十分重要和显著的作用，同时，还可以积累运行经验，提高运行水平。所以该装置在电力系统中得到了广泛的应用。

故障录波装置的主要部分是录波器，根据录波原理可分为光电式和微机型录波器。

光电式现已很少使用，本章主要以微机型为例介绍工作原理。

微机故障录波装置是由微型计算机实现的新型录波装置，可装于发电厂、变电站等场所，在电力系统发生故障或振荡时，能自动地记录系统发生故障的故障类型、时间、电流、电压的变化过程，以及继电保护和自动装置的动作情况，并计算出短路点到继电保护装置安装处的距离和短路后电压、电流的大小。这些事故的资料、参数、电气量的变化过程能通过打印机打印出来，并可长期保存，也能多次地重复打印出来。它所提供的系统事故记录资料、参数等，有助于分析、判断电力系统故障和不正常运行的发生及发展过程，对处理事故、评价继电保护和自动装置工作的正确性提供了可靠的记录资料。在电力系统的安全运行中，该装置是重要的事故分析装置。

故障录波装置的配置应考虑如下几点：

（1）便于分析事故。

（2）便于寻找故障点。

（3）便于了解系统中的主要设备。

（4）便于监视系统中的主要设备。

按上述要求，一般可按330kV及以上线路每回装一套，220kV线路2～3回装一套（重要的220kV线路可以2回装一套，旁路断路按一回考虑），重要的110kV变电所出线3～4回装一套。

故障录波装置数据录取量的速率选择一般应满足以下要求：

（1）线路零序电流必录。

（2）录取波形应能明显看出故障类型、相别、故障电流、电压的量值及变化规律，跳、合闸的时间等。

（3）录波量力求完整，如对220kV及以上线路三相电流应当录全。

（4）在可能发生振荡的线路上，可录一相功率量。

常规的故障录波器是记录电气量在事故情况下的全部变化过程；对于微机式故障记录装置来说，如果仍然采用记录电气量全部变化过程，那么势必需要大量的存储单元，这样会造成功耗增大，成本大幅度增加，除此之外，由于受打印机的速度限制，还会导致打印一次故障波形的时间相当长。为此，微机故障录波装置根据工程技术人员对波形关心的程度，采用故障情况下记录突变起动前2个周波及突然变量起动后9个周波的方法，这样系统故障及跳闸前后的情况均能反映出来，省略掉了中间稳态的波形，省略掉波形的长度从时间坐标轴上反映出来，保证了记录下来的波形能够反映电力系统事故的产生和发展的过程，不失去故障的特征，不影响对事故的分析与正确评价。

对于无延时元件而动作于跳闸的情况，如Ⅰ段动作或全线速动，系统从故障发生到断路器跳开的时间约为70～110ms，均少于180ms，因此，采用记录故障后9个周波（180ms）的方法完全能反映事故的全过程；对于180ms以上动作于断路器的情况，记录的是故障发生时刻和故障切除时刻所对应的突变量的前2个周波和突变量后9个周波的波形；重合闸及后加速动作的情况也同样处理。为了使波形易于判读，每个间隔400ms打印出一条时间坐标线。

在电力系统发生振荡时，装置记录的是电流和电压的包络线，同时每间隔400ms打印出一条时间坐标线。这样，不仅可以节省内存容量、加快打印速度，而且使波形更简明，清楚地反映了振荡周期、振荡时电流和电压的大小，以及振荡的变化过程。

6.2 故障录波装置的基本原理

图6－1为典型的微机型故障录波器的原理方框图。

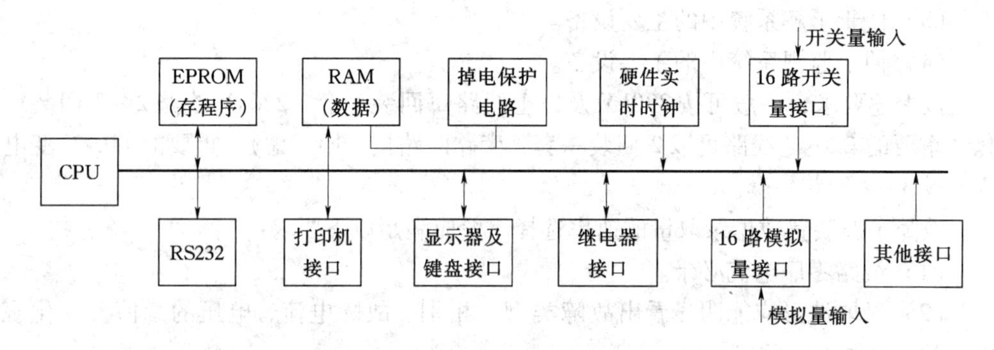

图6－1 微机故障录波器原理方框图

（1）主机。主机采用单片微型计算机，有16位，32位之分，主要型号是主流厂家的，如Intel公司的单片机系列。主要用于高速数据采集及系统控制。

（2）存储器。可擦写存储器EPROM，主要存放装置的各种程序，以及一些起动定值、互感器变比等相对固定的参数。数据存储器采用RAM。EPROM和RAM均有掉电保护电路，在掉电后仍能保持数据不丢失。

（3）硬件实时时钟。硬件实时时钟是高稳定和精度的电子钟，利用数据线和地址线对时钟进行读写操作，留有对时接口，便于装置与电力系统统一时钟。

（4）模拟量输入接口。16路模拟量由电压电流互感器二次侧直接接入，经接口电路板的调理（隔离、降压、滤波、变换、A/D转换）形成数字量供装置使用。

(5) 开关量输入接口。录波器可以记录下16路开关量的状态。这些开关量经开关量输入接口电路板调理（光电隔离等）供装置使用。

(6) 各种输出接口。RS232便于与其他计算机装置连接，进行数据传输，键盘及显示器接口，便于把一些参数，比如整定录波起动值、起动方式、绘图输出方式、电流电压互感器变比通过键盘输入到计算机中。

图6-2和图6-3给出了本装置的主程序及中断服务程序的框图。框图中的几个重要标志字说明如下：

FRST——故障检出标志。

FRST=-1——已发现系统故障，突变量元件退出运行。

FRST=1——突变量起动元件已动作180ms之后，将突变量起动元件再投入运行，以便监视故障切除或重合闸动作等增况。

RRST——振荡检出标志。用RRST=1表示已发现系统振荡。

T4——整组复归时间继电器。

PELAG——打印标志，其中PFLAG=1表示打印表头；PFLAG=2表示打印波形。

以上标志字用以控制程序的流向。

6.2.1 主程序框图说明

在装置接通直流电源或手按复归按钮后，进入图6-2的开机状态。在关中断后，进行堆栈赋值及各并行接口适配器的初始化，使各个开关、键盘及打印机等投入工作。各并行接口适配器初始化后，CPU询问面板上“运行方式开关”的位置，如在调试位置，则进入监控程序，否则进入运行状态，CPU将开始进行运行状态所需要的各种准备工作，并使呼唤和装置异常继电器都处在正常的位置，然后对硬件进行检查，以保证装置投入运行时，硬件是完好的，如果硬件有问题，则点亮装置异常灯，还通过打印机打印出有关的出错信息。便于查找损坏的元器件、如果硬件是完好的，那么CPU就询问面板上定值切换开关的位置，如在ROM位置，则从定值EPROM中取出定值，存放至规定的定值RAM区。无论定值开关是在ROM位置，还是在RAM位置，使用定值时，总是从规定的RAM区取定值使用，以便加快定值判断的速度。定值开关的作用只是决定了初始化时，是否要从EPROM中取定值，因此，如果将定值开关置于RAM位置，就可以在调试或试验的过程中，在RAM区频繁修改定值而不必每次都固化。在装置投入运行时，定值开关必须置于ROM位置，否则，一旦直流电源消失再恢复时，将失去定值，但这种情况会被RAM区定值求和自检发现而报警，同时退出运行状态，不会引起误动。

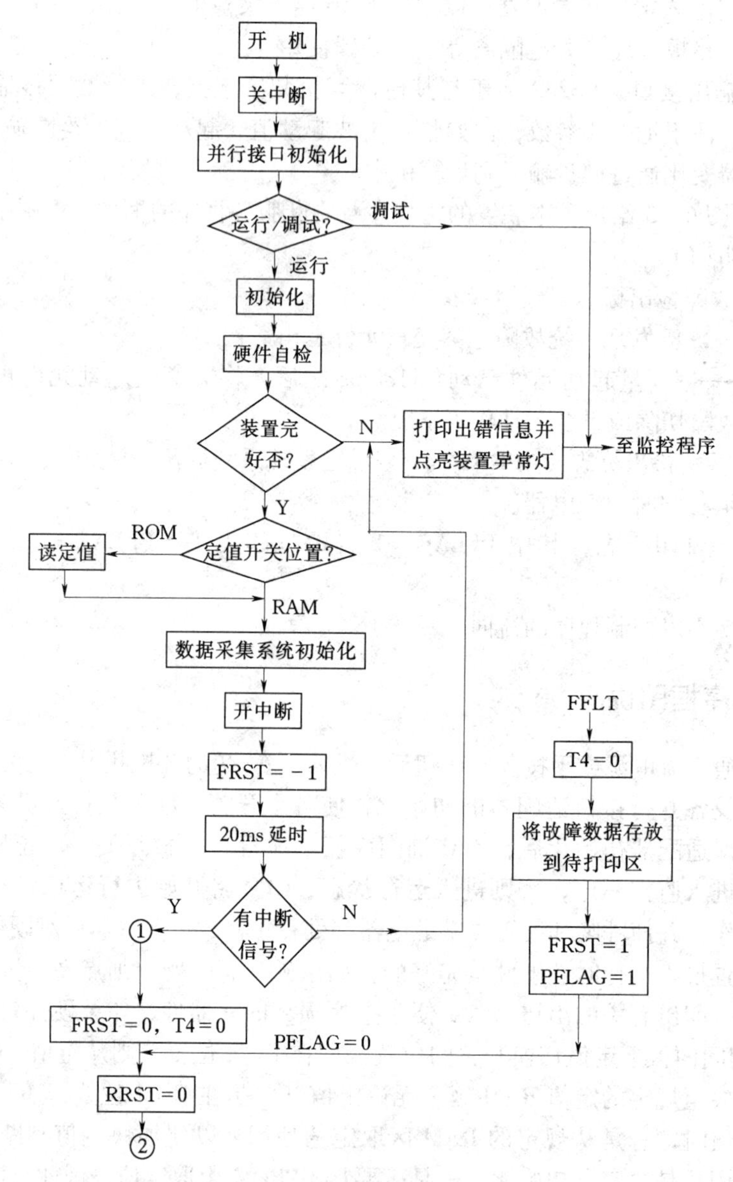

图 6-2 微机故障录波器主程序框图（一）

在确认一切良好，且定值准备好以后，CPU 才开中断，允许数据采集系统开始工作。采样，A/D、DMA 等将在定时器的控制下不断地连续工作，并在每 1ms 内 DMA 完成一组采样值的传送后，请求一次中断（IRQ），执行一次图 6-4 所示中断

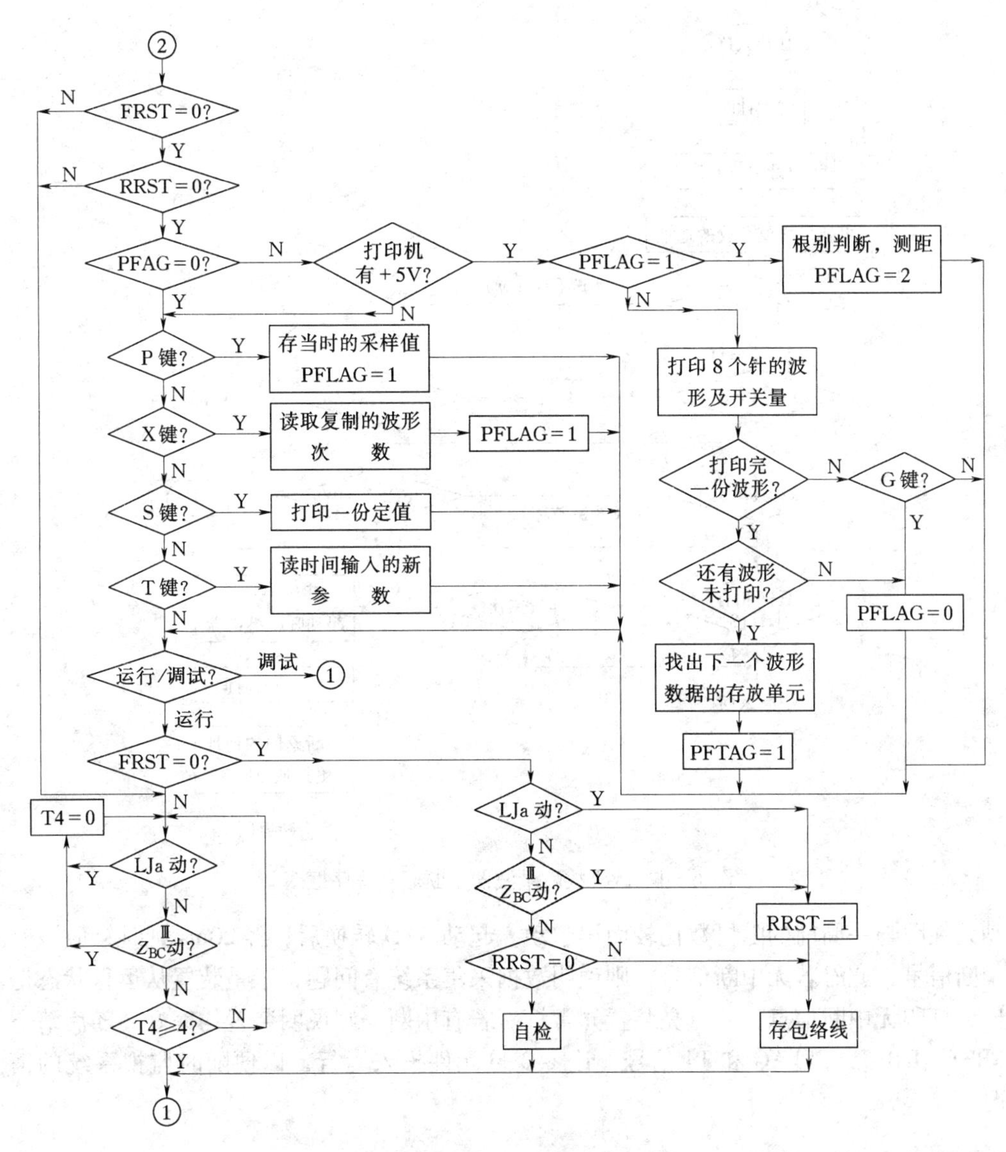

图 6-3　微机故障录波器主程序框图（二）

服务程序。实际上，在每次定时器发出采样脉冲后，将先进行一次快速中断(FIRQ)，由于FIRQ服务程序很简单，主要是起动A/D开始转换。

数据采集系统投入运行后，让FRST=-1，并经20ms延时，保证在数据采集系统刚开始工作的20ms时间内，中断服务程序中的突变量元件退出工作，防止突变量起

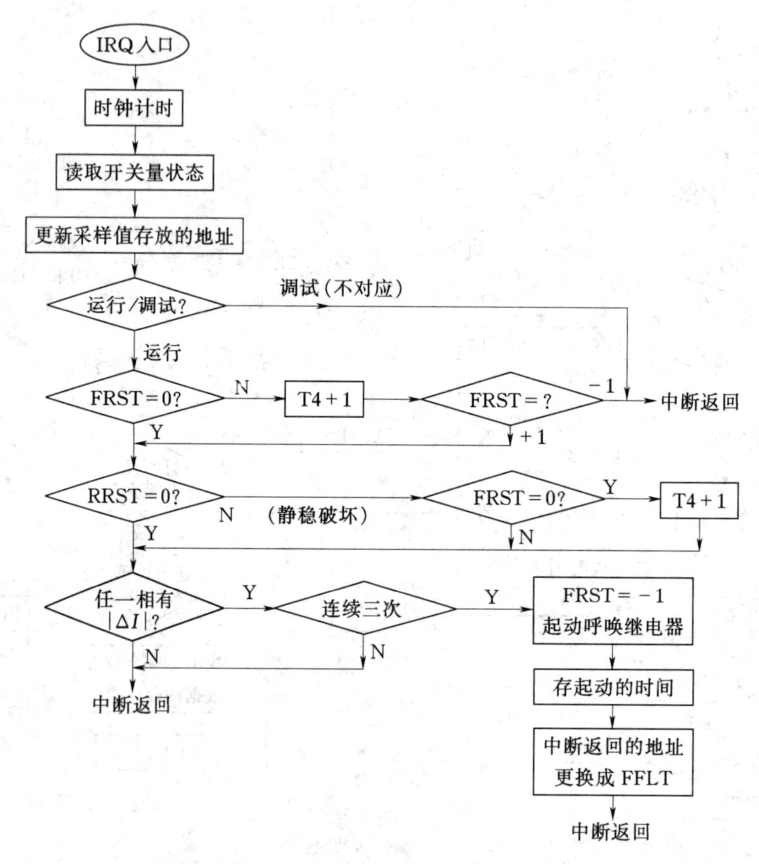

图6-4 微机故障录波器中断服务程序框图

动元件因与一周前的随机数比较而误起动。起动A/D转换后，经20ms延时，应该有中断信号，此时若无中断信号，则说明数据采集系统有问题，于是装置从运行状态退出，打印无中断信息，并点亮装置异常灯。若有中断，则说明装置均完好，随后清空FRST、RRST、PFLAG和T4信号，让突变量元件投入运行，以便随时监视系统的情况。

6.2.2 中断服务程序

在A/D转换完交流电气量后，由DMA申请执行一次中断服务程序。中断服务程序每毫秒执行一次。

中断服务程序中，首先读取开关量状态，保证开关量的状态与采样的数据是同帧的状态，同时也保证了开关量的分辨率是1ms，接着执行钟表走时程序。

时钟走时后，进行采样值存放地址的更新工作，以便让设置的特殊循环寄存器中存放的一直是最新的5个周波数据。随后判断面板上的运行方式开关位置，若在初试状态，则不投入突变量起动元件，而直接从中断返回。若运行方式开关在运行位置，则判断是否已经发现过系统有故障或振荡。如果已经发现有故障或振荡，则整组复归的时间单元T4在此加1ms，以便由主程序中判断T4是否计满4s，如果系统无故障，则将突变量元件投入运行，监视系统；如果故障发生的时间已经经过了180ms，则同样将突变量元件投入运行，以保证能记录故障切除、重合闸动作、后加速动作等情况的波形。

突变量起动元件要连续三次判断该相的突变量值超过门槛值后，才认为系统有故障，否则认为是干扰信号。当系统发生故障或故障切除时，肯定会连续3次以上有突变，此时起动呼唤继电器，置FRST=-1（这里，FRST=-1的目的是在随后的180ms内退出突变量起动元件），同时保存起动的时刻。接着修改堆栈中的程序计数器的内容，让CPU从中断返回后，不是回到被中断所暂时打断的主程序位置，而是让CPU执行以FFLT为入口地址的程序，以便存取需要打印的波形数据。当突变量起动前2个周波及起动后9个周波的数据存完后，置FRST=1，再次让突变量起动元件投入运行，直至整组复归后让FRST=0。

在系统故障或振荡起动后装置先进行整组复归后判断，方法是判断装在该回线路上的突变量是否连续4s均不动，如果连续4s均不动，则清空FRST、RRST及T4的信号，相当于整组复归。随后，在系统正常时，利用执行有关监视程序的间隙，进行测距、打印波形、打印开关量状态等工作。

波形的查找是自动完成的，若一个波形未打完时，系统又发生故障或振荡，则装置暂时停止打印，先处理事故的数据，而后再从未打印完的那次波形开始，重新打印波形。

6.3 故障录波装置的应用

6.3.1 故障录波装置的起动

除高频信号外，以下信号均可作为起动量，任一路输入信号满足定值给出的起动条件均可起动录波。具体如下：

（1）电压各相和零序电压突变量起动。

（2）正序、负序和零序电压越限起动。

（3）频率越限与变化率起动（50.5Hz≤f≤49.5Hz，df/dt≥0.1Hz/s）。

（4）主变中性点零序电流越限起动。

（5）线路同一相电流变化，1.5s 内最大值与最小值之差大于平均值 10% 。

（6）电流各相和零序电流突变量起动。

（7）线路相电流、负序电流、零序电流越限起动。

（8）开关量变位起动。

（9）手动起动，由人工控制起动录波。

（10）遥控起动，由上级部门通过远传下达起动命令。其中，突变量起动方式精度高于越限起动方式。

6.3.2 录波数据采样及记录方式

图 6－5 给出了模拟量采样的时段顺序，下面用表格反映模拟量采样的方式。

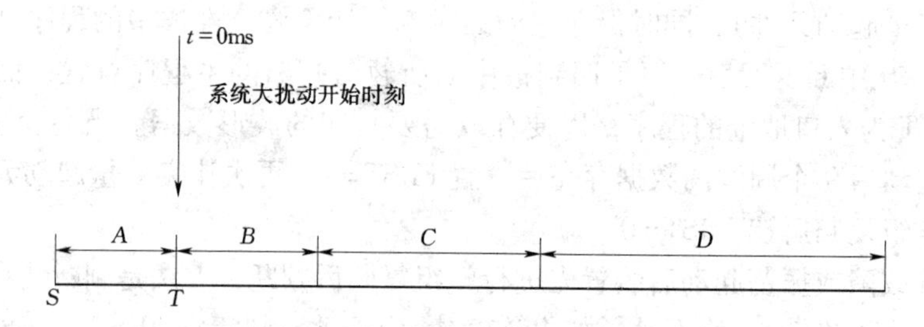

图 6－5 模拟量采样时段顺序

各时段的时间、采样速率均可人工设定，最高 10000 点/秒，按图 6－5 所示顺序执行。模拟量采样及处理时间分配见表 6－1。

表 6－1 模拟量采样及处理的时间分配

A 时段	*B* 时段	*C* 时段	*D* 时段
系统大扰动开始前的状态数据，输出高速原始记录波形，记录时间不少于 0.04～0.1s	系统大扰动后的状态数据，输出高速原始记录波形，记录时间大于 0.06～0.2s	系统动态过程数据，输出低速原始记录波形，记录时间大于 0.04～0.1s	系统长过程的动态数据，每 0.1s 输出一个工频有效值，在正常情况下记录时间的范围为 2～10s。若出现长期低电压、低频率或振荡的情况，*D* 时段的记录时间可达 10min 以上

6.3.3 故障录波实例

某变电站 110kV 线路 131 开关所在线路故障，录波显示出现零序电压和零序电流，由 C 相接地故障转换为 BC 相接地，零序、距离Ⅱ段保护出口跳闸，重合成功。

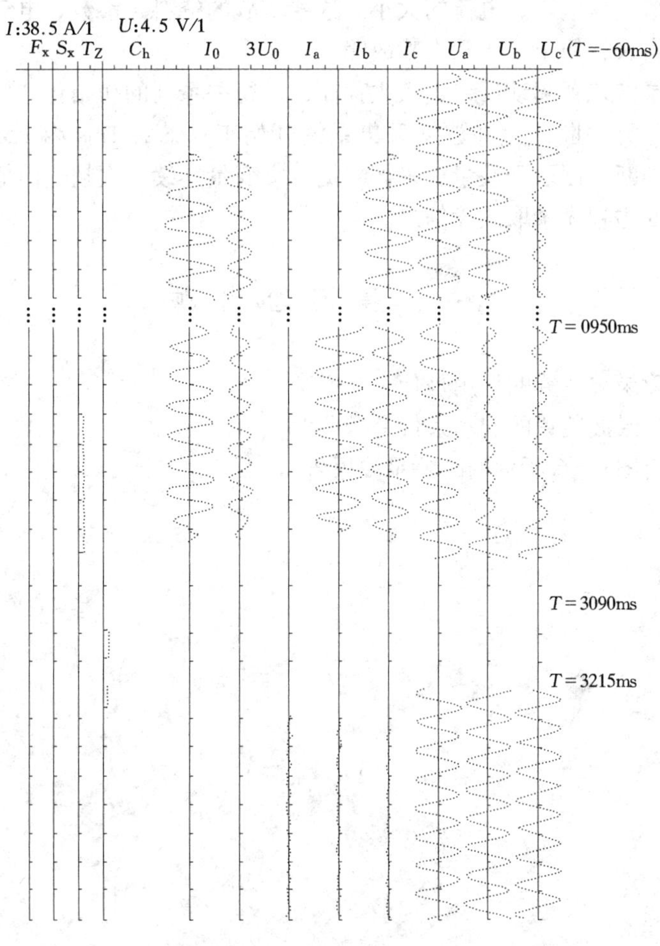

图 6-6　微机故障录波报告

巡线发现事故原因是高压线上挂有一只风筝。录波报告如图 6-6 所示。

小　　结

微机故障录波装置是目前广泛采用的新型录波装置，在主要发电厂、220kV 及以上变电所和 110kV 重要变电所都应装设，它采用故障情况下记录突变起动前 2 个周波及突然变量起动后 9 个周波的方法，能反映系统故障及跳闸前后的情况。在电力系统发生故障或振荡时，能自动地记录系统发生故障的故障类型、时间、电流和电压的变化过程，以及继电保护和自动装置的动作情况，并计算出短路点到继电保护装置安

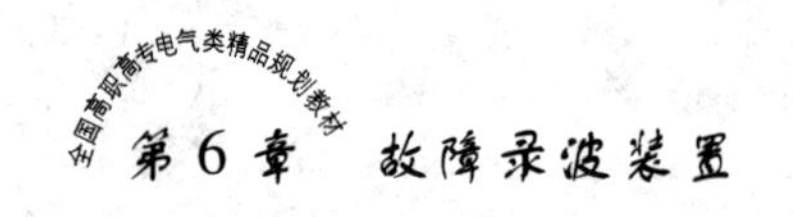

装处的距离和短路后电压、电流的大小。这些事故的资料、参数、电气量的变化过程能及时地打印出来，便于分析和查找故障。

微机故障录波装置起动后，进入主程序，进行一系列的初始化和检测，在确认一切正常后，CPU 开中断，允许数据采集系统开始工作，每 1ms 内 DMA 完成一组采样，请求一次中断，读取开关量和采样数据。突变量连续三次超过门槛值后，认为系统有故障，返回主程序录取故障信息。

复习思考题

6-1　故障录波装置的作用是什么？

6-2　故障录波装置的起动条件有哪些？

6-3　分析图6-6所示的故障录波报告。

参 考 文 献

1 许正亚．电力系统自动装置．北京：中国电力出版社，1997
2 刘锡蓝．水电站自动装置．北京：中国水利水电出版社，1998
3 岳保良．发变电运行岗位培训教材 电气运行．北京：中国水利水电出版社，1998
4 水电站机电设计手册编写组．水电站机电设计手册 电气二次．北京：水利水电出版社，1989
5 钱守义．电工实用图表（第三版）．北京：中国电力出版社，1983
6 何永华，闫晓霞．新标准电气工程图．北京：中国水利水电出版社，1996
7 尹项根，曾克娥．电力系统继电保护原理与应用（上册）．武汉：华中科技大学出版社，2001
8 葛耀中．新型继电保护与故障侧距原理与技术．西安：西安交通大学出版社，1996
9 国家电力调度通信中心．电力系统继电保护规定汇编．北京：中国电力出版社，1997